海南省高等学校教育教学改革研究项目重点项目
（项目编号：Hnjg2022ZD-4220）

21世纪经济管理新形态教材·管理科学与工程系列

人工智能技术及应用

主　编◎龙草芳　肖　衡　梁志勇
副主编◎汪泽宇　江荣旺　魏　爽
陆娇娇　赵仁茂　张小波

清華大学出版社
北京

内 容 简 介

本书主要以人工智能的几种核心技术与发展应用为脉络，以深入浅出的方式，系统、清晰地介绍了人工智能的基本概念、发展历程、关键技术和典型应用。

本书涉及计算机视觉技术、语音智能技术、自然语言处理技术、人工智能技术应用案例，为读者构造并描绘出人工智能全景图，向读者展示了一个全新、智慧、前沿的科技新时代，使读者能快速、直观地了解人工智能的实际应用，激发读者对人工智能的兴趣。

本书可作为非人工智能专业大学生的教学用书，也可作为人工智能爱好者的参考用书。

图书在版编目（CIP）数据

人工智能技术及应用 / 龙草芳，肖衡，梁志勇主编 .—北京：清华大学出版社，2023.9

21 世纪经济管理新形态教材 . 管理科学与工程系列

ISBN 978-7-302-64528-3

Ⅰ. ①人… Ⅱ. ①龙… ②肖… ③梁… Ⅲ. ①人工智能—教材 Ⅳ . ① TP18

中国国家版本馆 CIP 数据核字（2023）第 167392 号

责任编辑： 徐永杰

封面设计： 汉风唐韵

责任校对： 王荣静

责任印制： 曹婉颖

出版发行： 清华大学出版社

网　　址： http：//www.tup.com.cn，http：//www.wqbook.com

地　　址： 北京清华大学学研大厦 A 座　　**邮　　编：** 100084

社 总 机： 010-83470000　　**邮　　购：** 010-62786544

投稿与读者服务： 010-62776969，c-service@tup.tsinghua.edu.cn

质 量 反 馈： 010-62772015，zhiliang@tup.tsinghua.edu.cn

印 装 者： 三河市君旺印务有限公司

经　　销： 全国新华书店

开　　本： 185mm × 260mm　　**印　　张：** 14　　**字　　数：** 297 千字

版　　次： 2023 年 10 月第 1 版　　**印　　次：** 2023 年 10 月第 1 次印刷

定　　价： 49.80 元

产品编号：102030-01

前　言

人工智能正日益进入我们的生活，改变我们身边的世界。从大规模数据处理、自动驾驶、智能家居到医疗诊断，它已经深入我们生活的方方面面。作为一种快速发展的新兴技术，人工智能不仅为我们带来许多便利，也为我们带来更高效的生产力和更优化的商业决策，并在未来继续发挥重要作用。

因此，我们有必要了解人工智能的概念、发展历程、关键技术和典型应用。三亚学院为大力推进学校传统计算机公共课的改革，激发学生学习兴趣，培养学生人工智能通识能力的实践与提升而开设“人工智能技术及应用”课程，这是一门在传统“计算机应用基础”上的创新改革课程，更是一门将伴随学生一生的实用型课程。本书正是为此而编写。

本书由龙草芳负责统稿，第 1 章由汪泽宇编写，第 2 章由梁志勇编写，第 3 章由江荣旺编写，第 4 章由龙草芳编写，第 5 章由肖衡编写。在本书的编写过程中，三亚学院的魏爽、陆娇娇、赵仁茂、张小波等多位工作在计算机基础课程教学一线的教师对本书的编写给予了很大的帮助，在此对他们表示最衷心的感谢。

还要特别感谢海南省教育厅重点教改项目（项目编号：Hnjg2022ZD-4220）、三亚学院学科特色课程群试点建设项目（项目编号：SYJZKXK202317）、三亚学院立体化教学资源培育建设项目（项目编号：SYJZKLT202321）和三亚学院第二批产教融合成果培育（教材专项）项目（项目编号：SYJKJCJ202306）四个项目对本书的支持，没有这些项目的帮助，本书将不能如期完成。

最后，竭诚希望广大读者对本书提出宝贵意见，以促使我们不断改进。由于时间和编者水平有限，书中的疏漏和不足之处在所难免，敬请广大读者批评指正。

编者

2023 年 6 月

目　录

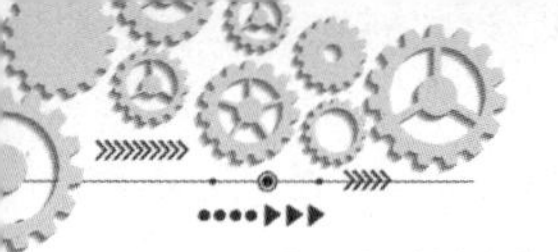

第1章 拥抱人工智能

近年来，随着计算机技术的迅猛发展和日益广泛的应用，人类智力活动能不能由计算机来实现的问题自然地被提出。几十年来，人们一向把计算机当作只能极快地、准确地进行数值运算的机器。但是，当今世界要解决的问题并不完全是数值计算，像语言的理解和翻译、图形和声音的识别、决策管理等都不属于数值计算的范畴，特别是医疗诊断之类的系统，要有专门、特有的经验和知识的医师才能作出正确的判断。这就要求计算机从“数据处理”扩展到“知识处理”的范畴。计算机能力范畴的转化是导致人工智能（artificial intelligence，AI）快速发展的重要因素。

人工智能作为计算机学科的一个分支，20 世纪 70 年代以来被称为世界三大尖端技术（空间技术、能源技术、人工智能）之一，也被认为是 21 世纪三大尖端技术（基因工程、纳米科学、人工智能）之一。这是因为多年来它获得了迅速的发展，在很多学科领域都获得了广泛应用，并取得了丰硕的成果，人工智能已逐步成为一门独立的学科，无论是在理论上还是在工程上都已自成体系。

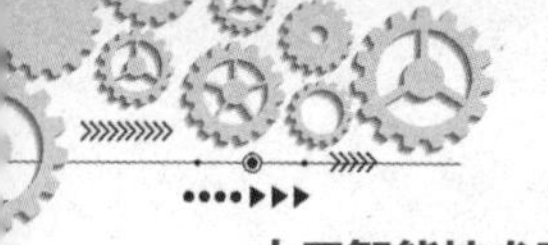

1. 了解人工智能的定义。
2. 了解人工智能的起源与发展。
3. 了解人工智能的研究与应用领域。
4. 了解人工智能的产生及学派。

1. 人工智能的定义。
2. 人工智能的各种认知观。
3. 人工智能的发展史。

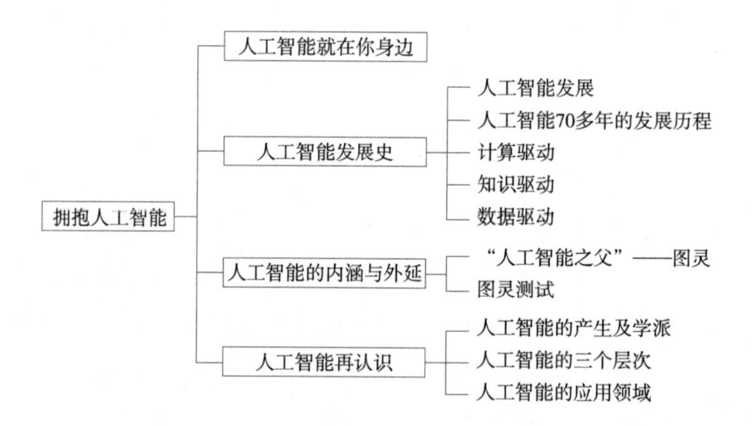

1.1 人工智能就在你身边

“人工智能”这个词拆开来看就是“人工”和“智能”，分开理解对我们来说是没有任何难度的，但是当把它们组合在一起的时候，就是一个可以改变世界的技术。究其本质，可以给它一个精简而又准确的定义，从人工制作的系统所表现出的智能，也就是机器智能。这里的智能其实就是像人一样的思维过程和智能行为。当然这是一个层面的理解，就人工智能的发展现状而言，也可以将其定义为研究这样的智能能否实现，以及如何实现的科学领域。人工智能是模拟实现人的抽象思维和智能行为的技术，即通过利用计算机软件模拟人类特有的大脑抽象思维能力和智能行为，如学习、思考、判断、推理、证明、求解等，以完成原本需要人的智力才可胜任的工作。人类的自然智能伴随着人类活动无时不在、无处不在。人类的许多活动，如解题、下棋、猜谜、写作、编制计划和编程，甚至驾车、骑车等，都需要智能。如果机器能够完成这些任务的一部分，那么就可以认为机器已经具有某种程度的“人工智能”。

什么是人的智能？什么是人工智能？人的智能与人工智能有什么区别和联系？这些都是广大科技工作者十分感兴趣且值得深入探讨的问题。人工智能的出现不是偶然的。从思维基础上讲，它是人们长期以来探索研制能够进行计算、推理和其他思维活动的智能机器的必然结果；从理论基础上讲，它是信息论、控制论、系统工程论、计算机科学、心理学、神经学、认知科学、数学和哲学等多学科相互渗透的结果；从物质和技术基础上讲，它是电子计算机和电子技术得到广泛应用的结果，如图 1-1 所示。

图 1-1　人工智能

人工智能不是自然的，而是人造的。要确定人工智能的优点和缺点，首先必须理解和定义智能。智能是什么？智能的定义可能比人工的定义更难以捉摸。

什么是信息？信息、物质及能量构成整个宇宙。信息是物质和能量运动的形式，是以物质和能量为载体的客观存在。人们不能直接认识物质和能量，而是通过物质和能量的信息来认识它们。

罗伯特·斯腾伯格（Robert Sternberg）就人类意识这个主题给出了以下定义：“智能是个人从经验中学习、理性思考、记忆重要信息，以及应付日常生活需求的认知能力。”

人的认识过程为：信息经过感觉输入神经系统，再经过大脑思维变为认识。

那么，什么是认识？认识就是用符号去整理研究对象，并确定其联系。由认识可以继续探讨什么是知识和智力。

知识是人们对于可重复信息之间的联系的认识，是被认识了的信息和信息之间的联系，是信息经过加工整理、解释、挑选和改造而形成的。

人们接受和建立知识的能力往往被看作智力。关于智力，科学家们有不同的定义，以下是几位科学家对智力的定义。

威廉・詹姆斯（William James）认为：智力是指个体有意识地以思维活动来适应新情况的一种潜力，是个体对生活中新问题和新条件的心理上的一般适应能力。

刘易斯・特曼（Lewis Terman）认为：智力是抽象思维的能力。

巴迪特・伯金汉（Burdette Buckingham）认为：智力是学习的能力。

乔治・斯托达德（George Stoddard）认为：智力是从事艰难、复杂、抽象、敏捷和创造性的活动以及集中能力和保持情绪的稳定能力。

让・皮亚杰（Jean Piaget）认为：智力的本质就是适应，使个体与环境取得平衡。

乔伊・吉尔福特（Joy Guilford）认为：智力是对信息进行处理的能力。

简言之，智力可被看作个体的各种认识能力的综合，特别强调解决新问题的能力，抽象思维、学习能力，对环境的适应能力。

有了知识和智力的定义后，一般将智能定义为“智能＝知识集＋智力”。所以智能主要指运用知识解决问题的能力，推理、学习和联想是智能的重要因素。

至于人工智能，字面上的意义是智能的人工制品。它是研究如何将人的智能转化为机器智能，或者是用机器来模拟或实现人的智能。像许多新兴学科一样，人工智能至今尚无统一的定义。下面是几位人工智能方面的著名科学家对人工智能给出的定义。

1978 年，帕特里克・温斯顿（Patrick Winston）认为：“人工智能是研究使计算机更灵活有用、了解使人工智能的实现成为可能的原理。因此，人工智能研究结果不仅是使计算机模拟智能，而且是了解如何帮助人们的生活学习变得更有智能。”

1981 年，阿弗朗・巴尔（Avron Barr）和爱德华・费根鲍姆（Edward Feigenbaum）认为：“人工智能是计算机科学的一个分支，它关心的是设计智能计算机系统，该系统具有通常与人的行为相联系的智能特征，如了解语言、学习、推理、问题求解等。”

1983 年，伊莱恩・瑞奇（Elaine Rich）认为：“人工智能是研究怎样让计算机模拟人脑从事推理、规划、设计、思考、学习等思维活动，解决至今认为需要由专家才能处理的复杂问题。”

1987 年，迈克尔・R. 吉特恩（Michael R. Genesereth）和尼尔斯・J. 尼尔森（Nils J. Nilsson）认为：“人工智能是研究智能行为的科学。它的最终目的是建立关于自然智能实体行为的理论和指导创造具有智能行为的人工制品。”

吉特恩和尼尔森关于人工智能的定义引出了科学人工智能和工程人工智能的概念。关于科学人工智能，它的目的是发展概念和词汇，以帮助了解人和其他动物的智能行为。关于工程人工智能，它研究的是建立智能机器的概念、理论和实践，举例如下。

（1）专家系统：在专门的领域（医疗、探矿、财务等领域）内的咨询服务系统。

（2）自然语言处理（natural language processing，NLP）：在有限范围内的问题回答系统。

（3）程序验证系统：通过定理证明途径验证程序的正确性。

（4）智能机器人：人工智能研究计算机视觉（computer vision，CV）和智能机。

以上是人工智能的一些比较权威的定义。人工智能还有一个比较模糊的定义，那就是“如果某个问题在计算机上没有解决，那么这个问题就是人工智能问题”，因为一旦解决了某个问题，也就有了解决这个问题的模型或算法，因而也就划分到某个学科或某个学科的分支中。从某种意义上讲，人工智能永远是一个深奥而永无止境的追求目标。

1.2　人工智能发展史

人工智能一词最初在 1956 年美国的达特茅斯大学举办的一场长达两个月的研讨会中被提出。从那以后，人工智能作为新鲜事物进入人们的视野中，研究人员不断探索发展了众多相关的理论和技术，人工智能的概念也随之扩展。在任何领域，都是“万事开头难”，当出现第一个引路人后，后面的发展就会是不可估量的，人工智能也是如此。当时的与会专家怎么也不会想到，当时所提出的人工智能会在今天得到如此蓬勃的发展。我们一起站在巨人的肩膀来回顾几十年来人工智能的发展。

1.2.1　人工智能发展

人工智能的第一次高峰：在 1956 年的会议之后，人工智能迎来了它的第一段幸福时光。在这段长达 10 余年的时间里，计算机被广泛应用于数学和自然语言领域，用来解决代数、几何和英语问题。这让很多研究学者树立了机器向人工智能发展的信心。甚至在当时，有很多学者认为：“20 年内，机器将能完成人能做到的一切。”

人工智能的第一次低谷：20 世纪 70 年代，人工智能进入一段痛苦而艰难的岁月。科研人员在人工智能的研究中对项目难度预估不足，不仅导致与美国国防高级研究计划署的合作计划失败，还让人工智能的前景蒙上了一层阴影。与此同时，社会舆论的压力也开始慢慢压向人工智能这边，导致很多研究经费被转移到其他项目上。

在当时，人工智能面临的技术瓶颈主要是三个方面：①计算机性能不足，导致早期很多程序无法在人工智能领域得到应用。②问题的复杂性，早期人工智能程序主要解决特定

的问题，因为特定的问题对象少、复杂性低，可一旦问题变得复杂，程序马上就不堪重负了。③数据量严重缺失，在当时不可能找到足够大的数据库来支撑程序进行深度学习，这很容易导致机器无法读取足够量的数据进行智能化。

因此，人工智能项目停滞不前，但却让一些人有机可乘，1973 年，詹姆斯·莱特希尔（James Lighthill）针对英国人工智能研究状况发表了报告，批评了人工智能在实现“宏伟目标”上的失败。由此，人工智能遭遇了长达 6 年的科研深渊。

人工智能的崛起：1980 年，卡内基·梅隆大学为数字设备公司设计了一套名为 XCON 的“专家系统”。这是一种采用人工智能程序的系统，可以简单地理解为“知识库 + 推理机”的组合，XCON 是一套具有完整专业知识和经验的计算机智能系统。这套系统在 1986 年之前能为公司每年节省超过 4 000 美元经费。有了这种商业模式后，衍生出像 Symbolics、Lisp Machines 等和 IntelliCorp、Aion 等硬件、软件公司。在这个时期，仅“专家系统”产业的价值就高达 5 亿美元。

人工智能的第二次低谷：不幸的是，命运的车轮再一次碾过人工智能，让其回到原点。仅仅在维持了 7 年之后，这个曾经轰动一时的人工智能系统就宣告结束历史进程。到 1987 年，苹果公司和 IBM（国际商业机器公司）生产的台式机性能都超过了 Symbolics 等厂商生产的通用计算机。从此，“专家系统”风光不再。

人工智能再次崛起：20 世纪 90 年代中期开始，随着人工智能技术尤其是神经网络技术的逐步发展，以及人们对人工智能开始抱有客观理性的认知，人工智能技术进入平稳发展时期。1997 年 5 月 11 日，IBM 的计算机系统“深蓝”（DeepBlue）战胜了国际象棋世界冠军加里·卡斯帕罗夫（Garry Kasparov），又一次在公众领域引发了现象级的人工智能话题讨论。这是人工智能发展的一个重要里程。

2006 年，杰弗里·辛顿（Geoffrey Hinton）在神经网络的深度学习领域取得突破，人们又一次看到机器赶超人类的希望。

1.2.2 人工智能 70 多年的发展历程

时至今日，人工智能发展日新月异，人工智能已经走出实验室，通过智能客服、智能医生、智能家电等服务场景在诸多行业进行深入而广泛的应用。可以说，人工智能正在全面进入我们的日常生活，属于未来的力量正席卷而来。让我们来回顾一下人工智能走过的曲折发展的 70 多年历程中的一些关键事件。

1946 年，ENIAC 诞生。它最初是为美军作战研制，每秒能完成 5 000 次加法、400 次乘法等运算。ENIAC 为人工智能的研究提供了物质基础。

1950 年，艾伦·图灵（Alan Turing）提出图灵测试。如果计算机能在 5 分钟内回答由人类测试者提出的一系列问题，且其超过 30% 的回答让测试者误认为是人类所答，则通过测试。图灵测试提出了认为机器具备人工智能的标准。

1956 年，人工智能的概念首次被提出。在美国达特茅斯大学举行的一场为期两个月的讨论会上，人工智能的概念首次被提出。

1959 年，工业机器人诞生。美国发明家乔治・德沃尔（George Devol）与约瑟夫・英格伯格（Joseph Engelberger）发明了工业机器人，该机器人借助计算机读取示教存储程序和信息，发出指令控制一台多自由度的机械。它对外界环境没有感知。

1964 年，聊天机器人诞生。美国麻省理工学院人工智能实验室的约瑟夫・魏岑鲍姆（Joseph Weizenbaum）教授开发了 ELIZA 聊天机器人，实现了计算机与人通过文本来交流，这是人工智能研究的一个重要方面。不过，它只是用符合语法的方式将问题复述一遍。

1965 年，“专家系统”首次亮相。美国科学家费根鲍姆等研制出化学分析专家系统程序 DENDRAL。它能够分析实验数据来判断未知化合物的分子结构。

1968 年，人工智能机器人诞生。美国斯坦福研究所研发的机器人 Shakey，能够自主感知、分析环境、规划行为并执行任务，可以根据人的指令发现并抓取积木。这种机器人拥有类似人的感觉，如触觉、听觉等。

1970 年，能够分析语义、理解语言的系统诞生。美国斯坦福大学计算机教授特里・维诺格拉德（Terry Winograd）开发的人机对话系统 SHRDLU，能分析指令，如理解语义、解释不明确的句子并通过虚拟方块操作来完成任务。由于它能够正确理解语言，因此被视为人工智能研究的一次巨大成功。

1976 年，“专家系统”被广泛使用。美国斯坦福大学的爱德华・肖特里夫（Edward Shortliffe）等发布的医疗咨询系统 MYCIN，可用于对传染性血液病患的诊断。这一时期还陆续研制出了用于生产制造、财务会计、金融等各领域的专家系统。

1980 年，“专家系统”商业化。美国卡内基・梅隆大学为数字设备公司制造出 XCON 专家系统，帮助公司每年节约超过 4 000 万美元的费用，特别是在决策方面能提供有价值的内容。

1981 年，第五代计算机项目研发。日本率先拨款支持，目标是制造出能够与人对话、翻译语言、解释图像，并能像人一样推理的机器。随后，英、美等国也开始为人工智能和信息技术领域的研究提供大量资金。

1984 年，大百科全书（Cyc）项目启动。Cyc 项目试图将人类拥有的所有一般性知识都输入计算机，建立一个巨型数据库，并在此基础上实现知识推理，它的目标是让人工智能的应用能够以类似人类推理的方式工作，成为人工智能领域的一个全新研发方向。

1997 年，“深蓝”战胜国际象棋世界冠军。IBM 的“深蓝”战胜了国际象棋世界冠军卡斯帕罗夫。它的运算速度为每秒 2 亿步棋，并存有 70 万份大师对战的棋局数据，可搜寻并估计随后的 12 步棋。

2011 年，IBM 开发的人工智能程序“沃森”（Watson）参加了一档智力问答节目并战胜了两位人类冠军。沃森存储了2亿页数据，能够将与问题相关的关键词从看似相关的答案中抽取出来。这一人工智能程序已被IBM广泛应用于医疗诊断领域。

2016—2017年，AlphaGo战胜围棋冠军。AlphaGo具有自我学习能力，它能够收集围棋对弈数据和名人棋谱，学习并模仿人类下棋。

2017年，深度学习大热。AlphaGoZero（第四代AlphaGo）在无任何数据输入的情况下，开始自学围棋3天后便以100：0横扫了第二版本的“旧狗”，学习40天后，它又战胜了在人类高手看来不可企及的第三个版本“大师”。

2018年，AlphaZero崛起。AlphaZero在多种棋类游戏中击败人类冠军，引发了深度强化学习的热潮。同时，机器学习开始在医学图像分析和疾病诊断中取得突破。特斯拉、Waymo等公司不断改进自动驾驶技术。

2019年，OpenAI发布了GPT-2，这是一种强大的自然语言处理模型。同时，研究人员开始探索量子计算与人工智能融合如何用于加速机器学习算法。

2020年，OpenAI发布了GPT-3（Generative Pre-trained Transformer 3），这是一种更大规模的自然语言处理模型，引起广泛关注。同时，人工智能在应对COVID-19（新型冠状病毒）感染中发挥了关键作用，包括疫情预测、疫苗研发和药物筛选。

2021年，被誉为全球最快的人工智能工作负载超级计算机——Perlmutter宣布开启。这台超级计算机拥有6 144个英伟达A100张量核心图形处理器，将负责拼接有史以来最大的可见宇宙3D（三维）地图。在2021北京智源大会开幕式上，悟道2.0发布。它在模型规模上呈爆发级增长，达到1.75万亿参数，创下全球最大预训练模型纪录。

2022年，OpenAI发布了GPT-3.5。在2022百度世界大会上，百度重磅发布了第六代量产无人车——Apollo RT6。基于自动驾驶技术的重大突破，Apollo RT6不但具备城市复杂道路的无人驾驶能力，而且成本仅为25万元。它的量产落地，将加速无人车规模化部署，重新定义汽车和未来出行方式。量子计算技术取得重大突破，有望加速机器学习算法的训练。

2023年，OpenAI发布了GPT-4.0。GPT-4.0由8个混合模型组成，每个模型参数为2 200亿。2023年3月16日，百度发布文心一言，打响国内大语言模型发布的第一枪，作为对标ChatGPT的大语言模型，它可以帮助用户更好地写作和编辑文本内容，同时还支持图片生成。2023年4月7日，阿里云宣布自研大模型“通义千问”开启企业邀测。华为盘古大模型、腾讯混元大模型蓄势待发。

人工智能发展的三个重要时期如图1-2所示。

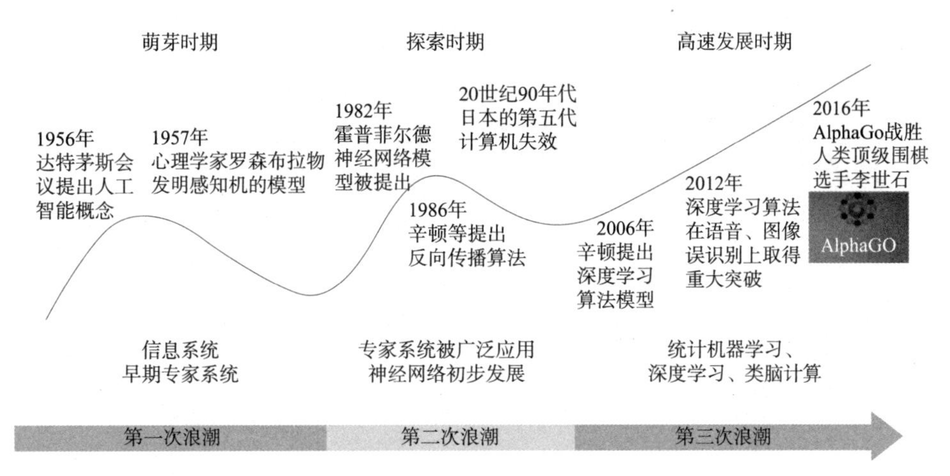

图 1-2　人工智能发展的三个重要时期

1.2.3　计算驱动

1. 20 世纪 50 年代，人工智能的兴起和被冷落

在首次提出人工智能的概念之后，一些重要的理论结果也层出不穷。但是，由于消化方法的推理能力有限，机器翻译技术也不够成熟，两者的共同作用导致了最终的失败。人工智能技术逐渐进入它的瓶颈期。思考这一阶段的发展可以发现，人工智能的被冷落源于人们对问题求解方法的迫切关注，而忽略了知识本身的重要性。做任何事一定要有良好的理论基础，否则就会形成“基础不牢，地动山摇”的被动局面。

2. 20 世纪六七十年代，专家系统带来的新高潮

1968 年，美国斯坦福大学研制成功了一种帮助化学家判断某待定物质分子结构的专家系统——DENDRAL 系统。1976 年，斯坦福大学的研究人员耗时五六年开发了一种使用人工智能的早期模拟决策系统，用来进行严重感染时的感染源诊断，以及抗生素给药。从那时起还开发了许多著名的“专家系统”，如 PROSPECTOR 探矿系统、Hearsay-Ⅱ语音理解系统等。后续“专家系统”的研究和开发使人工智能得以实际应用。值得一提的是，为了更好地发展人工智能，在各国科学家的号召下于 1969 年召开了国际人工智能联合会议，这也标志着人工智能新高潮的出现。

2010 年以后，随着 GPU（图形处理单元）芯片的普及，计算机的运算能力迈入新阶段。而随着 FPGA（现场可编程门阵列）和 ASIC（专用集成电路）芯片的发展，2020 年以后，计算机的运算能力又迈入新的层级，能达到每秒进行百亿亿次的计算。计算机的发展如图 1-3 所示。

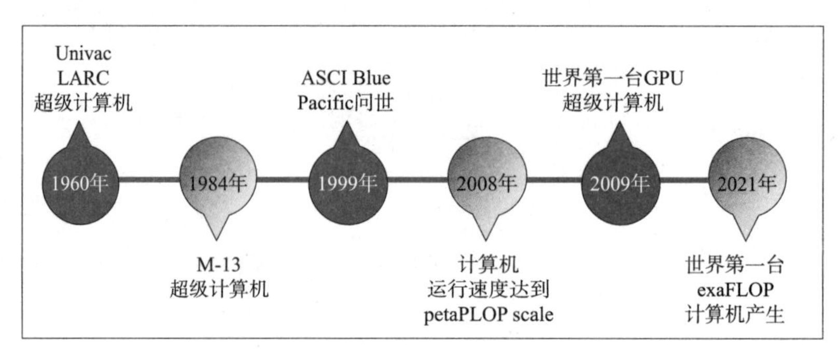

图 1-3　计算机的发展

1.2.4 知识驱动

1. 20 世纪 80 年代，神经网络的快速发展

1982 年，日本开始实施第五代计算机发展计划，计划的实施将逻辑推理提升到与数值运算相同的速度，尽管该计划没有达到令人满意的效果，但它的发展引来了一股热情，使得越来越多的专家学者将目光转向人工智能的研究。1987 年，在美国举行的神经网络的第一次国际会议宣布建立一个新的学科——神经网络。从那时起，世界上许多国家都加大了对神经网络的投资，给神经网络的迅猛发展带来了前所未有的机遇。

2. 20 世纪 90 年代后，人工智能的网络化发展

由于以互联网技术为核心的网络技术的飞速发展，人工智能的研究内容也发生了巨大的变化。以单个智能实体为起点，逐步成为基于网络环境的分布式人工智能巨大的转变，为基于同一目标的分布式问题的探索提供了更有效的求解方法，还扩展到对多个智能主体的多目标问题的求解方法，使人工智能技术朝着实践的方向不断发展。除此之外，霍普菲尔德多层神经网络模型为人工神经网络（artificial neural network，ANN）研究与应用提供了更多的可能，人工智能技术逐步走进人们的生产生活中，带来了更加便捷高效的生活方式。

计算能力的提升和数据规模的增长，使得深度学习、强化学习算法发展起来。这些算法被广泛应用到计算机视觉、语音识别、自然语言处理等领域并取得丰硕的成果。技术适用的领域大大拓展，从而使越来越多的复杂和动态的场景的需求得到了满足。

1.2.5 数据驱动

随着社会的发展和科技的进步，人工智能技术已经日趋完善。同时，这项技术也已在诸多领域得到应用和拓展。尤其在近几年，深度学习、大数据、并行计算共同推动人工

智能技术实现跨越式发展。在智能控制领域、机器人学习领域、语言和图像理解领域、遗传编程领域、法学信息系统，以及智能接口领域、数据挖掘领域、主体及多主体系统领域等，人工智能与生活融合。在此阶段，大量结构化、可靠的数据被采集、清洗和积累，甚至变现。例如，在大量数据的基础上，可以精确地描绘用户画像、制订个性化的营销方案、提高成单率、缩短达到预设目标的时间、提升社会运行效率。

1.3　人工智能的内涵与外延

1.3.1 “人工智能之父”——图灵

图灵（图 1-4）于 1912 年出生于英国，擅长数理逻辑学和计算理论。图灵以其独立思考的特点贯穿一生，以参加第二次世界大战期间英国的密码破译工作而添加了神秘的色彩，以在“思维机器”方向的图灵机和图灵测试等成果而著称。人们将图灵称为“人工智能之父”“计算机科学之父”，可以说与约翰 · 冯 · 诺依曼（John von Neumann）在计算机领域的声望并驾齐驱，计算机科学界仍以图灵奖（图 1-5）为至高荣誉之一。大家现在使用的智能手机、计算机都可以说是一种图灵机，即通过对输入进行计算得到输出的机器，图灵最早给出了这种机器形式化的定义和理论证明，并提出了图灵测试这一伟大的思想实验。

图 1-4　图灵

图 1-5　图灵奖

1.3.2 图灵测试

图灵测试是指测试者与被测试者（一个人和一台机器）在隔开的情况下，通过一些装置（如键盘）向被测试者随意提问。进行多次测试后，如果机器让平均每个参与者作出超过30%的误判，那么这台机器就通过了测试，并被认为具有人类智能。

图灵测试则发表于图灵的另一篇重磅论文《计算机器与智能》(*Computing Machinery and Intelligence*)中，也正是这篇论文奠定了图灵作为“人工智能之父”的地位，这篇论文着重回答一个问题：机器能思考吗？

图灵巧妙地避开思维、意识等哲学上的探讨，重新设计了一个试验来考量这个问题，图灵将其称为模仿游戏，这就是图灵测试，在很长一段时间内，这一测试都是较为公认的人工智能判断标准。如图1-6、图1-7所示。

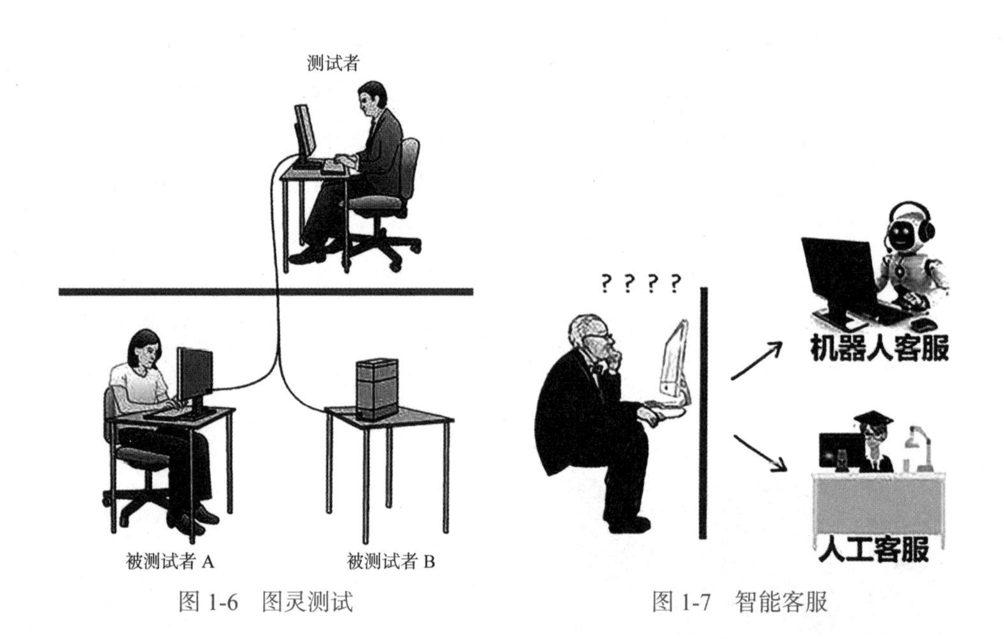

图1-6 图灵测试

图1-7 智能客服

在这一点上，图灵测试与人工智能研究的最终目标也是一致的，只不过现有的人工智能水平离这一目标还相去甚远。事实上，“综合模拟人类的智力活动”正是人工智能区别于其他计算机科学分支的地方。我们通过比较人工智能软件与传统软件来说明这一点。首先从最广义的角度看，传统软件也应属于人工智能的范畴，实际上很多早期的计算机科学家，如图灵，就是以人工智能为动力展开对计算机科学的研究。“计算”本来就是诸多人类智能活动中的一种。一个从未接触过计算机的人也许很难说清“从一个数列中找出所有素数”和“从一张照片中找出一只狗”哪个更有资格代表“智能”(前者属于传统软件范畴，后者属于传统人工智能范畴)。另外，传统软件并不代表人工智能的全部内涵。粗略地讲，我们可以认为传统软件对应了这样一类“计算问题”，它们的共同特点是，问题本身是用一个算法（或非构造性的数学描述）来描述的，对它们的研究主要关注在如何找到更好的算法上。而我们称之为“人工智能问题”的问题可以理解为另一类“计算问题”，它们的共同特点是无法用算法或从数学上对问题进行精确定义，这些问题的“正确答案”从本质上取决于我们在面对这类问题时如何反应。对于人工智能问题，我们可以基于数学模型或计算模型来设计算法，但问题的本质并不是数学的。

通用人工智能（general artificial intelligence）基于弱人工智能假设，以全面模拟人类的所有智力行为为目标。注意到图灵测试作为一个充分条件，是不可能在通用人工智能真正实现之前得到解决的。另外，可以说现有每一个人工智能分支的成功都是通过图灵测试的必要条件，而它们中的大部分还没有达到“人类水平”。这是因为我们不可能穷尽人类智能行为，必须依赖有限个具有通用性的模型和算法来实现通用智能。目前，人们仍然只能基于一些简单初等的模型来设计学习、推理和规划算法。这些人工智能分支的研究都默认基于针对自己领域问题的弱人工智能假设，而支撑这些子领域研究的动力往往是其巨大的社会实用价值。它们固然已经在很多具体应用领域成绩斐然，但看起来离图灵测试所要求的水平仍然相差甚远。

1.4 人工智能再认识

1.4.1 人工智能的产生及学派

人工智能可以追溯到阿隆佐·丘奇（Alonzo Church）、图灵和其他一些学者关于计算本质的思想萌芽。早在 20 世纪 30 年代，他们就开始探索形式推理概念与即将发明的计算机之间的联系，建立起关于计算和符号处理的理论。而且，在计算机产生之前，丘奇和图灵就已发现数值计算并不是计算的主要方面，它仅仅是解释机器内部状态的一种方法。图灵不仅创造了一个简单的非数字计算模型，而且直接证明了计算机可能以某种被认为是智能的方式进行工作，这就是人工智能的思想萌芽。

人工智能作为一门学科而出现的突出标志是：1956 年夏，在美国达特茅斯大学由当时美国年轻的数学家约翰·麦卡锡（John McCarthy）、马文·明斯基（Marvin Minsky）、艾伦·纽厄尔（Allen Newell）、赫伯特·西蒙（Herbert Simon）、克劳德·香农（Claude Shannon）、亚瑟·塞缪尔（Arthur Samuel）和特伦查德·摩尔（Trenchard More）等数学、心理学、神经学、信息论、计算机科学方面的学者，举行了一个长达两个月的研讨会。会上麦卡锡提出了“artificial intelligence”一词，而后纽厄尔和西蒙提出了物理符号系统假设，从而创建了人工智能这一学科。主张系统符号假设的学派形成了人工智能研究的主要学派，即符号主义（symbolicism）学派。目前，人工智能主要有以下三个学派。

1. 符号主义学派

符号主义又称逻辑主义（logicism）、心理学派（psychlogism）或计算机学派（computerism），该学派认为人工智能源于数理逻辑。数理逻辑在 19 世纪获得迅速发展，到 20 世纪 30 年代开始被用于描述智能行为。计算机产生以后，又在计算机上实现了逻辑演绎系统，其代表成果为启发式程序 LT（逻辑理论家），人们使用它证明 38 个数学定理，从而表明人类可利用计算机模拟人类的智能活动。符号主义的主要理论基础是物理符号系统假设。符号主义将符号系统定义为三部分：一组符号，对应于客观世界的某些物理模型；一组结构，它由以某种方式相关联的符号的实例构成；一组过程，它作用于符号结构上而产生另一些符号结构，这些作用包括创建、修改和消除等。

在这个定义下，一个物理符号系统就是能够逐步生成一组符号的产生器。在物理符号的假设下，符号主义认为：人的认知是符号，人的认知过程是符号操作过程。符号主义还认为，人就是一个物理符号系统，计算机也是一个物理符号系统，因此，能够用计算机来模拟人的智能行为，即可用计算机的符号操作来模拟人的认知过程。这实质上就是认为，人的思维是可操作的。符号主义的基本信念是：知识是信息的一种形式，是构成智能的基础，人工智能的核心问题是知识表示、知识推理和知识运用。知识可用符号表示，也可用符号进行推理。符号主义就是在这种假设之下，建立起基于知识的人类智能和机器智能的核心理论体系。符号主义曾长期一枝独秀，经历了从启发式算法到“专家系统”，再到知识工程理论与技术的发展道路，为人工智能作出了重要的贡献。

符号主义学派认为认知就是通过对有意义的表示符号进行推导计算，并将学习视为逆向演绎，主张用显式的公理和逻辑体系搭建人工智能系统。如用决策树模型输入业务特征预测天气（图 1-8）。

2. 联结主义学派

联结主义（connectionism）又称仿生学派（bionicsism）或生理学派（physiologism），是基于生物进化论的人工智能学派，其主要理论基础为神经网络及神经网络间的连接机制与学习算法。联结主义认为人工智能源于仿生学，特别是对人脑模型的研究，认为人的思维基元是神经元，而不是符号处理过程，人脑不同于计算机，并提出联结主义的大脑工作模式，用于否定基于符号操作的计算机工作模式。

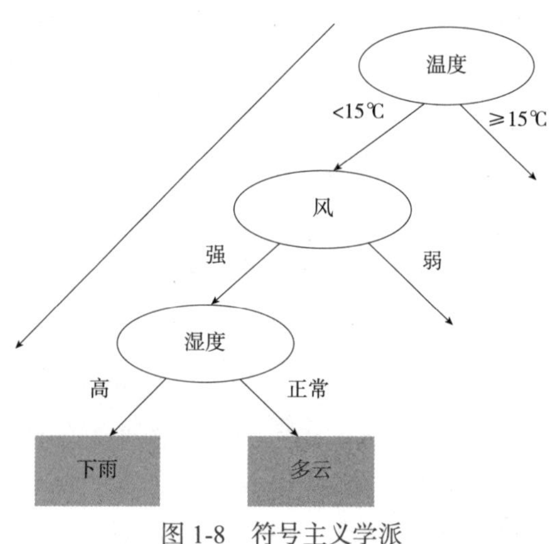

图 1-8　符号主义学派

如果说符号主义是从宏观上模拟人的思维

过程，那么联结主义则试图从微观上发挥人类的认知功能，以探索认知过程的微观结构。联结主义从人脑模式出发，建议在网络层次上模拟人的认知过程。所以，联结主义本质上是用人脑的并行分布处理模式来表现认知过程。联结主义主张利用数学模型来研究人类认知的方法，用神经元的联结机制实现人工智能，如用神经网络模型输入雷达图像数据预测天气。

3. 行为主义学派

行为主义（actionism）又称进化主义（evolutionism）或控制论学派（cybernetics），其原理为控制论及“感知—动作”型控制系统。行为主义提出智能行为的“感知—动作”模式，认为：智能取决于感知和行动，人工智能可以像人类智能一样逐步进化（所以称为进化主义），智能行为只能在现实世界中与周围环境交互作用而表现出来。

行为主义是控制论向人工智能领域的渗透，它的理论基础是控制论，它把神经系统的工作原理与信息论联系起来，着重研究模拟人在控制过程中的智能行为和作用，如自寻优、自适应、自校正、自镇定、自学习和自组织等控制论系统，并进行控制论动物的研究。这一学派的代表首推美国人工智能专家罗德尼 · 布鲁克斯（Rodney Brooks）。1991 年 8 月，在悉尼召开的第 12 届国际人工智能联合会议上，布鲁克斯作为大会“计算机与思维”奖的得主，通过讨论人工智能、计算机、控制论、机器人等问题的发展情况，并以他在麻省理工学院多年进行人造动物机器的研究与实践和他所提出的“假设计算机体系结构”研究为基础，发表了“没有推理的智能”一文，对传统的人工智能提出了批评和挑战。

以布鲁克斯为代表的行为主义学派否定智能行为来源于逻辑推理及其启发式的思想，认为对人工智能的研究不应把精力放在知识表示和编制推理规则上，而应着重研究在复杂环境下对行为的控制。这种思想对人工智能主流派传统的符号主义思想是一次冲击和挑战。行为主义学派的代表作首推布鲁克斯等研制的六足行走机器人，它是一个基于“感知—动作”模式的模拟昆虫行为的控制系统。

联结主义的兴起标志着神经生理学和非线性科学向人工智能的渗透，这主要表现为人工神经网络研究的兴起，ANN 可以被看作一种具有学习和自组织能力的智能机器或系统。ANN 作为模拟人的智能和形象思维能力的一条重要途径，对人工智能研究工作者有着极大的吸引力。近年来，出现了一些新型的 ANN 模型和一些强有力的学习算法，大大推动了有关 ANN 理论和应用的研究。联结主义具有代表性的工作有：约翰 · 霍普菲尔德（John Hopfield）教授在 1982 年和 1984 年的两篇论文中提出用硬件模拟神经网络；大卫 · 鲁姆哈特（David Rumelhart）教授在 1986 年提出多层网络中的反向传播（back propagation, BP）算法。

4. 人工智能的关键技术及应用

（1）边缘的人工智能。结合无处不在的通信连接（如 5G）和智能传感器（如物联网），机器学习应用将迅速向“物理边缘”移动，即我们所熟悉的物理世界。在接下来的几年里，我们将会看到智能手机在我们的日常生活中的广泛应用，如辅助驾驶、工业自动化、监控和自然语言处理。

（2）非易失性存储器产品、接口和应用。未来几年，NVMe（NVM Express，非易失性存储器主机控制器接口规范）固态硬盘将取代 SATA（串行高级技术附件）和 SAS[串行连接 SCSI（小型计算机系统接口）] 固态硬盘。5 年内，基于结构的 NVMe（NVME-oF）将成为主流网络存储协议。NVMe 支持与非门分层技术和编程功能，这些技术和功能提高了耐用性，支持计算存储，并允许更多类似内存的数据访问。

（3）数字双胞胎技术。数字双胞胎技术在制造业中的应用变为现实，也已成为复杂系统操作中的广泛工具，目前认知数字双胞胎处于试验和实验的早期阶段。

（4）人工智能和关键系统。人工智能将越来越多地部署在影响人们健康、安全和福利的系统中。尽管面临技术挑战和公众担忧，但这些系统将改善全球数亿人的生活质量。

（5）实用无人机技术。实用无人机技术将改变物流行业，进而改变整个现代社会。

（6）添加剂智能制造。新的流程、材料、硬件、软件和工作流程正在将 3D 打印带入制造领域，尤其是大规模定制领域。更坚固耐用的材料、更精细的分辨率、新的整理技术、工厂级管理软件以及许多其他进步正在增加医疗保健、鞋类和汽车等行业对 3D 打印的运用。随着其他行业发现大规模定制的好处以及使用传统方法生产不容易或负担不起的零件的机会，这一趋势将继续下去。

（7）机器人的认知技能。人类居住环境中的机器人需要通过增强对其所处环境的理解等能力来适应新的任务。大规模模拟、深度强化学习和计算机视觉方面的突破，将共同为机器人带来基本水平的认知能力，这将导致机器人应用在未来几年中的显著改进。

（8）人工智能在网络安全中的应用。人工智能和机器学习可以帮助检测网络安全威胁，并向安全分析师提供建议。人工智能可以将响应时间从数百小时缩短到几秒钟，并将分析师的效率从每天一两个事件提升到数千个事件。全球范围内的行业、学术界和政府之间的合作，将推动人工智能、移动通信应用于网络安全。

（9）人工智能对社会安全性和法律相关影响。人工智能对保持社会平衡至关重要，一方面是保持技术的社会效益；另一方面是防止这些新技术被不当用于社会控制和剥夺自由。

（10）对抗式机器学习。随着移动电话被整合到其他系统中，对移动电话的恶意攻击频率将会上升。因此，研究对抗式机器学习和旨在检测机器学习系统操作的对策将至关重要。同样，对移动通信系统的易错性和可操作性的认识将为决策和法律范式提供信息。

（11）智能系统的可靠性和安全性挑战。保证高度自治的智能系统（如智能城市、自主车辆和自主机器人）所需的高可靠性和安全性，将是今后实现更智能世界所面临的主要技术挑战之一。

（12）量子计算机。如果量子计算机注定要成功，它们将通过提高相关性和通用性来实现。目前，量子计算机已经显示出计算优势，预计在今后变得更加引人注目。

1.4.2　人工智能的三个层次

1970 年产生了第一次人工智能产业浪潮，通过第一代的人工智能神经网络算法证明了《数学原理》这本书中的绝大部分数学原理。1984 年，人工智能的第二次产业浪潮产生，当时霍普菲尔德网络被推出来，人工智能的神经网络具备了历史记忆的功能。人工智能的第三次大潮已经切实到来，人工智能已经不再是一个概念，而是可以进入行业的技术：从大家津津乐道的机器人领域，到社会生活的方方面面，人工智能正在切实地影响人们的生活，让社会生活更智慧、更便捷（图 1-9）。

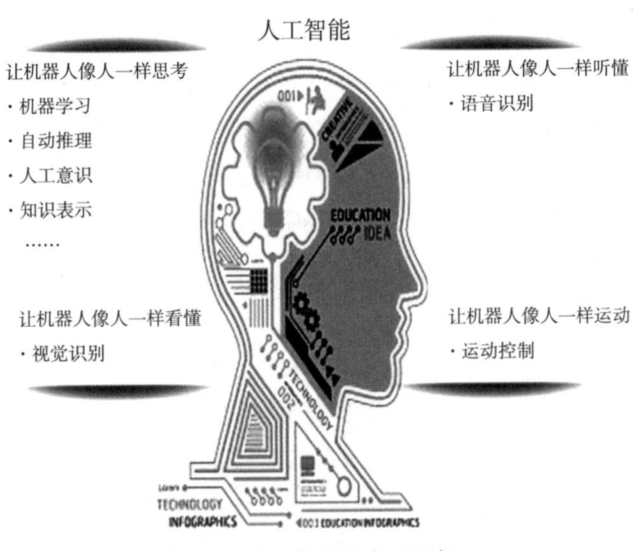

图 1-9　人工智能的实现目标

经过多年的人工智能研究，人工智能的主要发展方向有以下三种。

（1）运算智能，即快速计算和记忆存储能力。人工智能所涉及的各项技术的发展是不均衡的。现阶段，计算机具有比较优势的是运算能力和存储能力。1996 年，IBM 的“深蓝”战胜了当时的国际象棋冠军，从此，人类在这样的强运算型的比赛方面就很难战胜机器了。

（2）感知智能，即视觉、听觉、触觉等感知能力。人和动物都具备这种能力，能够通过各种感知智能与自然界进行交互。自动驾驶汽车，就是通过激光雷达等感知设备和人工智能算法，实现这样的感知智能的。机器在感知世界方面，比人类还有优势。人类都是被动感知的，但是机器可以主动感知，如激光雷达、微波雷达和红外雷达。不管是感知机器人，还是自动驾驶汽车，因为充分利用了深度神经网络（Deep Neural Network，DNN）和大数据的成果，在感知智能方面都已越来越接近于人类。

（3）认知智能，通俗地讲是“能理解、会思考”。人类有语言，才有概念，才有推理，所以概念、意识、观念等都是人类认知智能的表现。

在人工智能的时代中，不同的行业会有不同的特点。显然人工智能不能做一切事情，也不能代替所有人，经过分析把人工智能的行业应用分成三种主要的类型。

（1）信息完全输入的状况。在这种状况下，机器得到输入，就可以充分准确地得到相应的输出。像以科大讯飞听见为代表的实时语音转写，采用人脸识别、图像识别等技术，“输入”即可以得到“输出”，在这一领域机器将来完全可以替代人工。

（2）仅有输入还不够，还需要知识积累，需要思维判断的工作。这一领域是人和机器耦合的，如陪伴机器人班尼不能代替父母陪伴孩子，但它可以回答孩子的问题，教孩子知识，让父母在忙碌的时候不会担心孩子感到孤独，并且帮助父母与孩子实时交流，了解孩子。机器无法完全替代人工，而是辅助人进行工作。

（3）没有信息输入，而是主要靠创意、靠想象力的工作。今天的机器可以作图、作曲、写诗，但都是编码生成的工艺，真正的创意如今的机器还很难做到。机器能够替代大量的传统体力劳动，从而将人类释放到无比美好和广阔的创意空间中去，这是人工智能发展的趋势之一。我们认为，需要创意和想象力的工作是机器无法取代的。

未来的世界应该是由顶级专家和顶级管理者协同管理人与机器的联合体的一个大未来，这就是我们认为的人机协同的机制。人类今天的工作会越来越多地由后台的学习系统不断地学习到机器中，由机器来代替人类；而人类将投身于想象更大的未来，去做更有创意的事情。在这样的机制下，人类智慧大爆炸时代正在到来。

未来 10 年将会是人工智能发展的关键阶段，在这一行业中，中国现在少有地兼具核心技术能力和产业基础条件：在国家层面，2014 年科技部“863 计划”启动“基于大数据的类人智能关键技术与系统”项目；在企业层面，以科大讯飞为代表的中国自主创新企业已经找到人工智能发展的必由之路——以语音和语言为入口介入认知智能。因此，未来中国在人工智能行业和人工智能产业上必将大有可为。

数百年前的万户，不会想到现在 NASA（美国航空航天局）已经成功地将人类送出地球、远航太空。无论人们是否承认，科技进步的速度，总是超乎最前卫的理想主义者的想象。如今，我们已经站在了人工智能的大路前。随着技术的发展，人工智能未来将在智能硬件、车联网、机器人、自动客服、教育等方面发挥越来越显著的作用。

1.4.3 人工智能的应用领域

人工智能技术应用的细分领域有深度学习、计算机视觉、语音识别、自然语言处理、智能机器人、引擎推荐等。人工智能的应用如图 1-10 所示。

1. 深度学习

深度学习作为人工智能领域的一个应用分支，不管是从市面上公司的数量还是从投资人投资喜好的角度来说，都是一个重要的应用领域。说到深度学习，大家第一个想到的肯定是

AlphaGo，它通过一次又一次地学习、更新算法，最终在人机大战中打败围棋大师李世石。百度的机器人“小度”多次参加最强大脑的“人机大战”，并取得胜利，亦是深度学习的结果。

图 1-10 人工智能的应用

2. 计算机视觉

计算机视觉是指计算机从图像中识别出物体、场景和活动的能力。计算机视觉有着广泛的细分应用，其中包括：医疗成像分析被用来进行疾病的预测、诊断和治疗；人脸识别被一些自助服务用来自动识别照片里的人物；在安防及监控领域，也有很多的应用。

3. 语音识别

语音识别技术最通俗易懂的讲法就是语音转化为文字，并对其进行识别、认知和处理。语音识别的主要应用包括医疗听写、语音书写、计算机系统声控、电话客服等。

4. 自然语言处理

像计算机视觉技术一样，自然语言处理将各种有助于实现目标的技术进行融合，实现人机间自然语言通信。

5. 智能机器人

智能机器人在生活中随处可见，如扫地机器人、陪伴机器人等，这些机器人不管是和人语音聊天，还是自主定位导航行走、安防监控等，都离不开人工智能技术的支持。

6. 引擎推荐

大家有没有这样的体验，那就是网站会根据你之前浏览过的页面、搜索过的关键字推送给你一些相关的网站内容，这其实就是引擎推荐技术的一种表现。

除上述应用之外，人工智能技术肯定会朝着越来越多的分支领域发展，在医疗、教育、金融、衣食住行等涉及人类生活的各个方面都会有所渗透。当然，人工智能的迅速发展必然会带来一些问题，如有人鼓吹人工智能万能，也有人说人工智能会对人类造成威胁，或者受市场利益和趋势的驱动，涌现大量与人工智能沾边的公司，但却没有实际应用场景，过分吹嘘概念。

一、简答题

1. 什么是人工智能？人工智能的研究目标是什么？

2. 人工智能的典型应用有哪些？

3. 人工智能发展经历了哪几个重要的阶段？

4. 试论述人工智能的三个学派各自的特点。

5. 人工智能有哪些重要的研究领域？

二、选择题

1. 根据机器智能水平由低到高，（　　）是正确的。

A. 计算智能、感知智能、认知智能　　B. 计算智能、感应智能、认知智能

C. 机器智能、感知智能、认知智能　　D. 机器智能、感应智能、认知智能

2. 人工智能发展有三大流派，下列属于行为主义观点的包括（　　）。

A. 行为主义又叫心理学派、计算机主义

B. 行为主义又叫进化主义、仿生学派

C. 行为主义立足于逻辑运算和符号操作，把一些高级智能活动涉及的过程进行规则化、符号化的描述，变成一个形式系统，让机器进行推理解释

D. 基本思想是一个智能主体的智能来自它跟环境的交互，与其他智能主体之间的交互可提升它们的智能

3. （　　）不是人工智能学派。

A. 符号主义　　B. 认知主义　　C. 联结主义　　D. 行为主义

4. 神经网络由（　　）演化而来。

A. 符号主义　　B. 认知主义　　C. 联结主义　　D. 行为主义

5. 人工智能发展的第一个高潮是由（　　）的。

A. 计算驱动　　B. 数据驱动　　C. 知识驱动　　D. 常识驱动

6. 人工智能发展的第二个高潮是由（　　）的。

A. 计算驱动　　B. 数据驱动　　C. 知识驱动　　D. 常识驱动

7. 人工智能发展的第三个高潮是由（　　）的。

A. 计算驱动　　B. 数据驱动　　C. 知识驱动　　D. 常识驱动

8. 控制论学派属于（　　）。

A. 符号主义　　B. 认知主义　　C. 联结主义　　D. 行为主义

第2章 计算机视觉

导读

计算机视觉是人工智能领域的一个重要分支，致力于让计算机能够“看”和理解视觉信息。通过模拟人类视觉系统，计算机视觉技术可以从图像和视频中提取有意义的信息，实现自动识别、分类、跟踪等功能。本章将深入探讨计算机视觉的发展历程、关键技术、典型应用和未来趋势。通过学习和了解计算机视觉，将对这一令人振奋的领域有更全面的认识，并洞察其在现实世界中所蕴含的巨大潜力。

学习目标

1. 理解计算机视觉的基本原理。
2. 掌握计算机视觉关键技术。
3. 了解计算机视觉的典型任务。
4. 掌握计算机视觉实际应用和工程实践。
5. 关注计算机视觉前沿动态和未来发展。

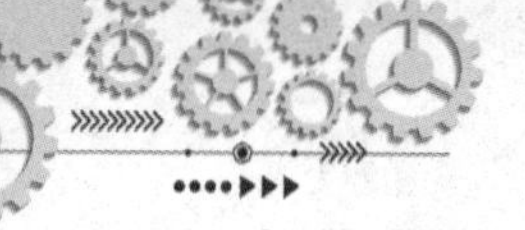

1. 计算机视觉所需要研究的任务和方向。
2. 如何对图像进行各种处理。

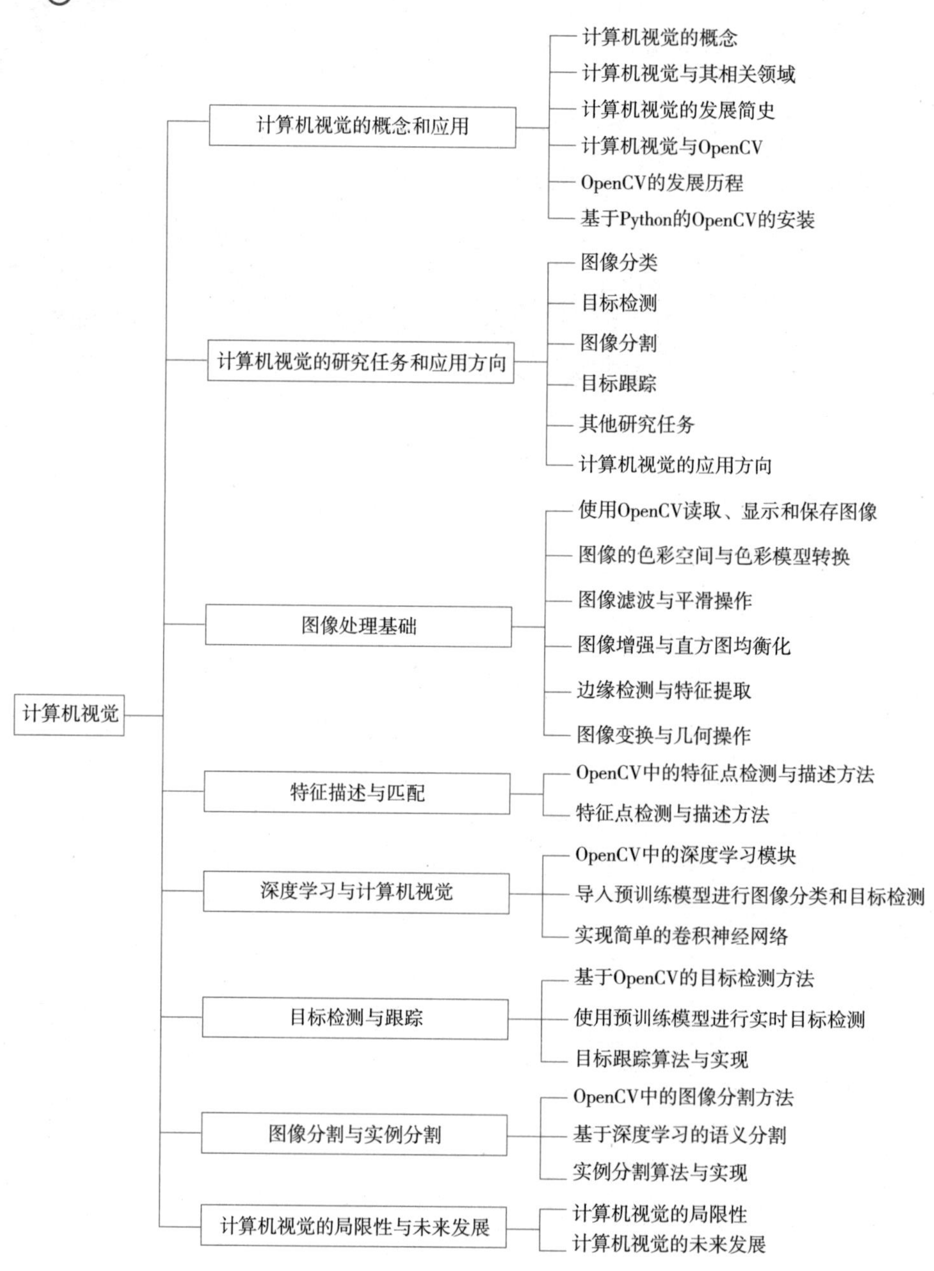

2.1 计算机视觉的概念和应用

2.1.1 计算机视觉的概念

研究者为了让机器像人一样“看懂”图像，研究了人类视觉系统，该系统包含眼球（接收光信号）、视网膜（光信号转换为电信号，传输到大脑）、大脑皮层（提取电信号中的有效特征，引导人作出反应）。为了让机器模拟人类视觉系统，研究者用摄像头模拟“眼球”获得图像信息；用数字图像处理模拟“视网膜”将模拟图像变成数字图像，让计算机能识别；用计算机视觉模拟“大脑皮层”，设计算法提取图像特征，做识别检测等任务。机器模拟人类视觉系统便是机器视觉，也称计算机视觉，可解决机器如何“看”的问题。

计算机视觉涵盖图像处理（image processing）、图像分析（image analysis）和模式识别等领域，通过计算机程序和算法来模拟人类视觉系统，使计算机具备获取、处理、分析和理解视觉信息的能力。计算机视觉的应用广泛，包括自动驾驶、无人机导航、医学图像分析、机器人视觉、安防监控等领域。近年来，在深度学习技术的推动下，计算机视觉领域取得了显著的进展。

2.1.2 计算机视觉与其相关领域

计算机视觉、图像处理、图像分析、机器人视觉和机器视觉都是与图像和视觉信息处理相关的领域，它们之间存在一定的联系和区别。

1. 计算机视觉

计算机视觉是研究如何使计算机理解和解释现实世界中的图像和视频数据的领域。计算机视觉涉及从图像中提取特征、识别物体、理解场景和运动等多个方面。计算机视觉的目标是使计算机能够像人类一样看懂图像和视频数据。

2. 图像处理

图像处理是对数字图像进行处理、分析和操作的技术。图像处理的主要目的是改善图像的视觉质量、去除噪声、增强特征等。图像处理方法包括图像增强、滤波、变换、分割等。

3. 图像分析

图像分析是从图像中提取有用信息的过程，通常涉及对图像进行测量、特征提取和模式识别等操作。图像分析的目的是从图像中获取关于场景或物体的语义信息。

4. 机器人视觉

机器人视觉是计算机视觉在机器人领域的应用。机器人视觉主要关注如何使机器人通过视觉传感器获取和处理图像信息，从而实现导航、避障、定位、物体识别和抓取等功能。

5. 机器视觉

机器视觉是计算机视觉在工业和制造领域的应用。机器视觉主要关注如何通过自动化的图像获取和处理技术来实现产品质量检测、配件识别、自动装配等任务。

总之，这些领域之间存在一定的联系，它们都涉及图像和视觉信息处理。计算机视觉是一个更广泛的概念，包括图像处理、图像分析、机器人视觉和机器视觉等子领域。图像处理和图像分析是计算机视觉的基本技术，而机器人视觉和机器视觉则是计算机视觉在特定应用场景下的实际应用。

2.1.3 计算机视觉的发展简史

1. 20 世纪 50 年代，主题是二维图像的分析和识别

1959 年，神经生理学家大卫·休伯尔（David Hubel）和托斯登·威塞尔（Torsten Wiesel）通过猫的视觉实验，首次发现了视觉初级皮层神经元对移动边缘刺激敏感，进而发现了视功能柱结构，为视觉神经研究奠定了基础——促成了计算机视觉技术的突破性发展，奠定了深度学习之后的核心准则。

1959 年，拉塞尔·基尔希（Russell Kirsch）和他的同学研制了一台可以把图片转化为被二进制机器所理解的灰度值的仪器，这是第一台数字图像扫描仪，使处理数字图像成为可能。

这一时期，研究的主要对象如光学字符识别（OCR）、工件表面、显微图片和航空图片的分析和解释等。

2. 20 世纪 60 年代，开创了以三维视觉理解为目的的研究

1965 年，劳伦斯·罗伯茨（Lawrence Roberts）在《三维固体的机器感知》中描述了从二维图片中推导三维信息的过程，开创了以理解三维场景为目的的计算机视觉研究。他对积木世界的创造性研究给人们带来极大的启发，之后人们开始对积木世界进行深入的研究，从边缘的检测、角点特征的提取，到线条、平面、曲线等几何要素分析，到图像明暗、纹理、运动以及成像几何等，并建立了各种数据结构和推理规则。

1966 年，麻省理工学院人工智能实验室的西蒙·派珀特（Seymour Papert）教授决定启动夏季视觉项目，并在几个月内解决机器视觉问题。他和杰拉尔德·萨斯曼（Gerald Sussman）协调学生设计一个可以自动执行背景 / 前景分割，并从真实世界的图像中提取非重叠物体的平台。这一项目虽然未成功，但成为计算机视觉作为一个科学领域正式诞生的

标志。

1969 年秋天，贝尔实验室的两位科学家威拉德 · S. 博伊尔（Willard S. Boyle）和乔治 · E. 史密斯（George E. Smith）正忙于电荷耦合器件（CCD）的研发。它是一种将光子转化为电脉冲的器件，很快成为高质量数字图像采集任务的新宠，逐渐应用于工业相机传感器，标志着计算机视觉走上应用舞台，投入工业机器视觉中。

3. 20 世纪 70 年代，出现课程和明确的理论体系

20 世纪 70 年代中期，麻省理工学院 CSAIL（计算机科学与人工智能实验室）正式开设计算机视觉课程。1977 年，大卫 · 马尔（David Marr）在麻省理工学院的人工智能实验室提出了计算机视觉理论，这是与罗伯茨当初引领的积木世界分析方法截然不同的理论。计算机视觉理论成为 20 世纪 80 年代计算机视觉重要理论框架，使计算机视觉有了明确的体系，促进了计算机视觉的发展。

4. 20 世纪 80 年代，独立学科形成，理论从实验室走向应用

1980 年，日本计算机科学家福岛邦彦（Kunihiko Fukushima）在休伯尔和威塞尔的研究启发下，建立了一个自组织的简单和复杂细胞的人工网络——Neocognitron，包括几个卷积层（通常是矩形的），他的感受野具有权重向量（称为滤波器）。这些滤波器的功能是在输入值的二维数组（如图像像素）上滑动，并在执行某些计算后，产生激活事件（二维数组），这些事件将被用作网络后续层的输入。福岛邦彦的 Neocognitron 可以说是第一个神经网络，是现代卷积神经网络（CNN）中卷积层 + 池化层的最初范例及灵感来源。

1982 年，马尔发表了有影响的论文《愿景：对人类表现和视觉信息处理的计算研究》。基于休伯尔和威塞尔的想法，视觉处理不是从整体对象开始，马尔介绍了一个视觉框架，其中检测边缘、曲线、角落等的低级算法被用作对视觉数据进行高级理解的铺垫。《视觉》（Marr，1982）一书的问世，标志着计算机视觉成为一门独立学科。

1982 年，日本 COGEX 公司生产的视觉系统 DataMan，是世界上第一套工业光学字符识别系统。1989 年，法国的杨立昆（LeCun Yann）将一种后向传播风格学习算法应用于福岛邦彦的卷积神经网络结构。在完成该项目几年后，杨立昆发布了 LeNet-5，这是第一个引入今天仍在 CNN 中使用的一些基本成分的现代网络。现在，CNN 已经是图像、语音和手写识别系统中的重要组成部分。

5. 20 世纪 90 年代，特征对象识别开始成为重点

1997 年，加州大学伯克利分校教授滕德拉 · 马利克（Jitendra Malik）和他的学生史建波（Jianbo Shi）发表了一篇论文，描述了他试图解决感性分组的问题。研究人员试图让机器使用图论算法将图像分割成合理的部分（自动确定图像上的哪些像素属于一起，并将物体与周围环境区分开来）。

1999 年，大卫 · 洛（David Lowe）发表《基于局部尺度不变特征（SIFT 特征）的物体识别》，标志着研究人员开始停止通过创建三维模型重建对象，而转向基于特征的对象识别。

1999 年，英伟达（NVIDIA）公司在推销 GeForce 256 芯片时，提出了 GPU 概念。GPU 是专门为了执行复杂的数学和集合计算而设计的数据处理芯片。伴随着 GPU 的发展应用，游戏行业、图形设计行业、视频行业发展加速，出现了越来越多高画质游戏、高清图像和视频。

6. 21 世纪初，出现真正拥有标注的高质量数据集

2001 年，保罗·维奥拉（Paul Viola）和迈克尔·琼斯（Michael Jones）推出了第一个实时工作的人脸检测框架。虽然不是基于深度学习，但算法仍然具有深刻的学习风格，因为在处理图像时，通过一些特征可以帮助定位面部。该功能依赖于维奥拉 / 琼斯算法，5 年后，富士通（Fujitsu）发布了一款具有实时人脸检测功能的相机。

2005 年，由纳夫尼特·达拉勒（Navneet Dalal）和比尔·特里格斯（Bill Triggs）提出的方向梯度直方图（histogram of oriented gradients，HOG）被应用到行人检测上。这是目前计算机视觉、模式识别领域很常用的一种描述图像局部纹理的特征方法。2006 年，斯维特拉娜·拉泽布尼克（Svetlana Lazebnik）、考德丽亚·施密德（Cordelia Schmid）和基恩·庞斯（Jean Ponce）提出一种利用空间金字塔即空间金字塔匹配（spatial pyramid matching，SPM）进行图像匹配、识别、分类的算法，在不同的分辨率上统计图像特征点分布，从而获取图像的局部信息。

2006 年，Pascal VOC 项目启动。它提供了用于对象分类的标准化数据集以及用于访问所述数据集和注释的一组工具。其创始人在 2006—2012 年举办了年度竞赛，该竞赛允许评估不同对象类识别方法的表现，其检测效果不断提高。

2006 年左右，辛顿和他的学生发明了用 GPU 来优化深度神经网络的工程方法，并在 *Science* 和相关期刊上发表了论文，首次提出“深度信念网络”的概念。他给多层神经网络相关的学习方法赋予一个新名词——“深度学习”。随后，深度学习的研究大放异彩，广泛应用在图像处理和语音识别领域。他的学生后来赢得了 2012 年 ImageNet 大赛，并使 CNN 家喻户晓。

2009 年，佩罗尔·菲尔森茨瓦布（Pedro Felzenszwalb）教授提出基于 HOG 的可变零件模型（deformable parts model，DPM），它是深度学习之前最好、最成功的物体检测与识别（object detection & recognition）算法。它最成功的应用就是检测行人，目前 DPM 已成为众多分类、分割、姿态估计等算法的核心部分，菲尔森茨瓦布本人也因此被视觉对象类（visual object classes，VOC）授予“终身成就奖”。

7. 2010 年至今，深度学习在视觉中流行、在应用上百花齐放

2009 年，李飞飞教授等在电气与电子工程师协会国际计算机视觉与模式识别会议（IEEE conference on computer vision and pattern recognition，CVPR）上发表了一篇名为

ImageNet：*A Large-Scale Hierarchical Image Database* 的论文，发布了 ImageNet 数据集，这是为了检测计算机视觉能否识别自然万物，回归机器学习，克服过拟合问题，经过 3 年多筹划组建完成的一个大的数据集。从 2010 年到 2017 年，基于 ImageNet 数据集共进行了七届 ImageNet 挑战赛，李飞飞说："ImageNet 改变了 AI 领域人们对数据集的认识，人们真正开始意识到它在研究中的地位，就像算法一样重要。" ImageNet 是计算机视觉发展的重要推动者和深度学习热潮的关键推动者，将目标检测算法推向了新的高度。

2012 年，亚历克斯·克里切夫斯基（Alex Krizhevsky）、伊利亚·苏茨克沃（Ilya Sutskever）和辛顿创造了一个"大型的深度卷积神经网络"，即现在众所周知的 AlexNet，赢得了当年的 ILSVRC（ImageNet 大规模视觉识别挑战赛）。这是史上第一次有模型在 ImageNet 数据集表现如此出色。论文 *ImageNet Classification with Deep Convolutional Neural Networks*，截至 2020 年，已被引用超过 54 000 次。它将识别错误率从 26.2% 降到了 15.3%。显著的性能提升吸引了业界关注深度学习，使该论文成为现在这一领域被引用最多的论文。

2014 年，蒙特利尔大学提出生成对抗网络：拥有两个相互竞争的神经网络可以使机器学习得更快。一个网络尝试模仿真实数据生成假的数据，而另一个网络则试图将假数据区分出来。随着时间的推移，两个网络都会得到训练，生成对抗网络被认为是计算机视觉领域的重大突破。

2016 年，Facebook 的 AI Research（FAIR）在视觉方面声称其 DeepFace 人脸识别算法有 97.35% 的识别准确率，几乎与人类不分上下。近年来，国内外纷纷布局计算机视觉领域，开设计算机视觉研究实验室。以计算机视觉新系统和技术赋能原有的业务，开拓战场。2017—2018 年，深度学习框架的开发发展到了成熟期。PyTorch 和 TensorFlow 已成为首选框架，它们都提供了针对多项任务（包括图像分类）的大量预训练模型。

2017 年，Lin Tsung-Yi 等提出特征金字塔网络，可以从深层特征图中捕获到更强的语义信息；同时提出 Mask R-CNN，用于图像的实例分割（instance segmentation）任务，它使用简单、基础的网络设计，不需要多么复杂的训练优化过程及参数设置，就能够实现当前最佳的实例分割效果，并有很高的运行效率。

2018 年 9 月，BigGAN 被提出。这是拥有更聪明的课程学习技巧的 GAN，由它训练生成的图像连它自己都分辨不出真假，除非拿显微镜看，否则将无法判断该图像是否有问题，因而，它更被誉为"史上最强的图像生成器"。

2020 年 5 月末，Facebook 发布新购物 AI，通用计算机视觉系统 GrokNet 让"一切皆可购买"。

2018 年末，英伟达发布的视频到视频生成（video-to-video synthesis），它通过精心设计的发生器、鉴别器网络以及时空对抗物镜，合成高分辨率、照片级真实、时间一致的视频，实现了让人工智能更具物理意识、更强大，并能够推广到新的和看不见的更多场景。

自 20 世纪中期开始，计算机视觉不断发展，研究经历了从二维图像到三维到视频到

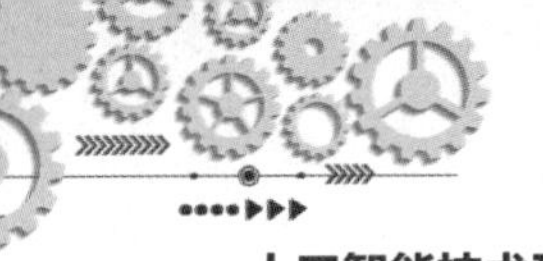

真实空间的探知，操作方法从构建三维向特征识别转变，算法从浅层神经网络到深度学习，数据的重要性逐渐被认知，伴随着计算机从理论到应用的速度加快，各种高质量的视觉数据不断沉淀，相信无论是在社会经济领域，还是在视频直播、游戏及电商方面，一定还会有更多、更好玩、更炫酷的计算机视觉应用出现在我们身边。

2.1.4 计算机视觉与 OpenCV

计算机视觉涵盖了从图像处理到高级视觉任务（如目标检测、跟踪和分割）的各种技术。计算机视觉的研究和应用需要使用各种算法和工具来处理和分析视觉数据。

开源计算机视觉库（open source computer vision library，OpenCV）是一个开源的计算机视觉库，其目的是为计算机视觉研究和应用提供一个通用的基础设施。它包含了大量针对各种计算机视觉任务的算法和工具，如图像处理、特征提取、特征匹配、机器学习以及深度学习模型的导入和使用等。OpenCV 的特点如下。

1. 开源且跨平台

OpenCV 是一个完全开源的计算机视觉库，支持多种操作系统（包括 Windows、Linux 和 macOS）和编程语言（如 C++、Python 和 Java）。

2. 功能丰富

OpenCV 包含了大量的计算机视觉和图像处理算法，涵盖了从基本的图像操作到高级视觉任务的各种技术。

3. 活跃的社区

OpenCV 拥有一个庞大且活跃的开发者社区，不断为库贡献新的算法、工具和改进。

4. 高性能与实时处理

OpenCV 针对许多计算密集型任务进行优化，包括使用多核 CPU（中央处理器）、GPU。

计算机视觉与 OpenCV 的联系在于 OpenCV 作为计算机视觉领域中广泛使用的库，为计算机视觉的研究和应用提供了丰富的算法和工具支持。计算机视觉研究者和工程师可以利用 OpenCV 快速实现各种视觉任务，从而加速研究进展和产品开发。同时，OpenCV 也受益于计算机视觉领域的发展，不断地更新和扩充其功能，以满足日益增长的计算机视觉应用需求。

2.1.5 OpenCV 的发展历程

1. 起源与早期发展（1999—2005 年）

OpenCV 可以追溯到 1999 年，当时由英特尔的一支研究团队在加州的圣克拉拉创立。

该项目最初是为了加速计算机视觉应用的研发，提高工程师和研究者的生产力。2000 年，OpenCV 1.0 的 alpha 版本发布。之后，OpenCV 得到广泛的关注和使用，逐渐成为计算机视觉领域的一个重要组成部分。

2. 社区参与和功能拓展（2006—2012 年）

2006 年，英特尔决定将 OpenCV 作为开源项目，鼓励社区参与项目的发展。从此以后，OpenCV 迅速发展，社区不断壮大，世界各地的研究者和工程师为项目贡献代码。2010 年，OpenCV 2.0 发布，这个版本引入新的 C++ 接口，提高了库的易用性。此外，OpenCV 开始支持 GPU 加速，并扩展了机器学习模块。

3. 深度学习的支持与发展（2013 年至今）

随着深度学习在计算机视觉领域的崛起，OpenCV 也开始支持深度学习算法。2015 年，OpenCV 3.0 发布，这个版本包含了大量的新特性和性能改进，如透明应用程序接口（API）、扩展的统一计算设备架构（CUDA）模块和跨平台移动设备支持。2017 年，OpenCV 引入一个名为 DNN 的模块，该模块允许用户导入和使用训练好的深度学习模型。2020 年，OpenCV 4.0 发布，进一步提升了库的性能和稳定性。

2.1.6　基于 Python 的 OpenCV 的安装

可以使用 Python 的包管理器 pip 进行安装，在命令提示符中输入以下命令可完成对 OpenCV 的安装。

```
pip install opencv-python
pip install opencv-python-headless
```

2.2　计算机视觉的研究任务和应用方向

计算机视觉主要有四大研究任务：图像分类、目标检测、图像分割和目标跟踪，随着深度学习的快速崛起，语义分割、实例分割、全景分割等任务也逐渐成为计算机视觉的研究任务之一。

2.2.1　图像分类

图像分类是计算机视觉领域的基础任务，也是应用比较广泛的任务。图像分类的目标

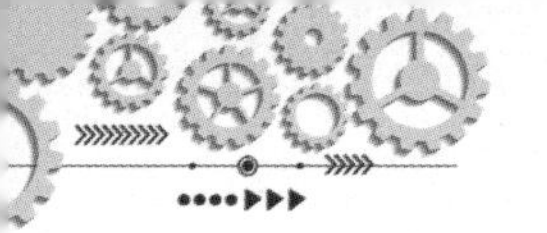

是将输入的图像分配给预定义类别中的一个或多个类别。在实际应用中，图像分类被广泛用于物体识别、场景分类、表情识别等场景。图像分类用来解决“是什么”的问题，如给定一张图片，用标签描述图片的主要内容。图像分类的典型应用是车牌号码识别、交通灯识别、图像识别等。

为了实现图像分类，研究者和工程师们通常采用以下步骤。

1. 数据准备

需要收集大量的带有标签的图像数据，用于训练和评估分类模型。这些数据通常通过数据集的形式提供，如 ImageNet、CIFAR-10、MNIST 等。

2. 特征提取

从图像中提取有助于分类的特征是图像分类任务的关键环节。传统的特征提取方法包括尺度不变特征变换（SIFT）、加速鲁棒特征（SURF）、方向梯度直方图等。然而，随着深度学习的发展，CNN 已经成为图像特征提取的主流方法，因为它能自动学习图像的层次特征表示。

3. 模型构建

在特征提取之后，需要构建一个分类模型，以便根据提取的特征对图像进行分类。传统的分类模型包括支持向量机（support vector machine，SVM）、随机森林（random forest，RF）等。在深度学习中，CNN 同时负责特征提取和分类任务。一些经典的 CNN 模型，如 AlexNet、VGGNet、ResNet 等，已经在图像分类任务上取得了显著的成功。

4. 模型训练

通过大量带有标签的训练数据来训练分类模型。训练过程通常涉及损失函数的优化，以使模型更好地拟合训练数据。常用的优化算法包括随机梯度下降（SGD）、Adam 等。

5. 模型评估

为了衡量分类模型的性能，需要在独立的测试数据集上进行评估。常用的评估指标包括准确率、召回率、F1 分数等。通过对比不同模型在测试数据集上的表现，可以选择最佳的分类模型。

6. 模型部署

将训练好的分类模型部署到实际应用中，对新的图像进行分类。这可能涉及将模型嵌入移动设备、云端服务器或者边缘计算设备等。

通过以上步骤，可以构建一个能够对图像进行分类的计算机视觉系统。不过，实际应用中可能还需要考虑其他因素，如光照变化、遮挡等。

2.2.2 目标检测

目标检测是计算机视觉中的一项关键任务，它的目标是在图像或视频帧中识别和定位感兴趣的对象。与图像分类任务只需要确定图像所属的类别不同，目标检测还需要为每个检测到的对象提供一个边界框（bounding box），以精确表示对象在图像中的位置。目标检测在自动驾驶、安防监控、医疗图像分析等领域具有广泛的应用。

目标检测的主要方法可以分为以下两类。

1. 传统方法

传统的目标检测方法通常包括以下步骤。

（1）特征提取：使用手工设计的特征提取算法（如 SIFT、SURF、HOG 等）从图像中提取特征。

（2）滑动窗口：遍历图像的多个位置和尺度，对每个窗口提取的特征进行分类，以确定窗口中是否包含目标对象。

（3）非极大值抑制：在检测结果中，移除重叠边界框，以保留最具代表性的边界框。

传统方法的一个典型例子是基于 HOG 特征和 SVM 分类器的行人检测。

2. 基于深度学习的方法

近年来，深度学习方法在目标检测任务上取得显著的成功，主要分为以下两类。

（1）两阶段方法：首先生成候选区域（region proposals），然后对每个候选区域进行分类和边界框回归。代表性的两阶段方法是 R-CNN 系列（R-CNN、Fast R-CNN、Faster R-CNN）。

（2）单阶段方法：这类方法将目标检测任务视为一个统一的回归问题，直接预测边界框和类别信息。这类方法通常具有较强的实时性能。典型的单阶段方法包括 YOLO（you only look once，你只看一次）系列（YOLOv1、YOLOv2、YOLOv3、YOLOv4、YOLOv5）和单点探测器（single shot detector，SSD）。

基于深度学习的目标检测方法通常比传统方法具有更高的准确性和实时性。然而，深度学习方法需要大量的带有标注边界框的训练数据，并且训练过程通常需要较强的计算能力。

2.2.3 图像分割

在计算机视觉中，图像分割是将图像划分为具有相似属性的区域或像素集合的过程。其目标是将图像划分为具有相似属性的区域或像素集合，以便对图像进行进一步的分析和处理。图像分割在许多领域都有应用，如医学图像分析、自动驾驶、机器人视觉等。

根据分类结果的粒度，图像分割方法可以分为以下几类。

1. 基于阈值的分割

这是一种简单的分割方法，将图像中的像素根据其灰度值或颜色分为前景和背景。常用的阈值方法有全局阈值、自适应阈值等。

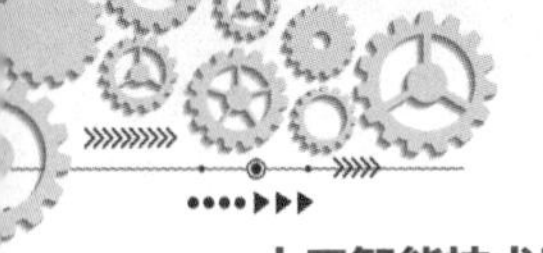

2. 基于区域的分割

这类方法试图将图像划分为具有相似属性（如颜色、纹理、亮度等）的区域。常用的基于区域的分割方法有区域生长（region growing）、区域合并（region merging）和分水岭算法（watershed algorithm）。

3. 基于边缘的分割

这类方法首先检测图像的边缘，然后根据边缘信息将图像划分为不同的区域。典型的基于边缘的分割方法有 Canny 边缘检测、Sobel 算子等。

4. 基于聚类的分割

这类方法将图像像素看作特征空间中的点，然后使用聚类算法（如 K-means、Mean Shift 等）将这些点划分为不同的类别。

5. 基于深度学习的分割

随着深度学习的发展，CNN 已经成为图像分割的主流方法。这类方法通常使用全卷积神经网络（fully convolutional networks，FCN）或 U-Net 等结构进行像素级的分类。深度学习方法在许多分割任务上都取得了显著的成功，尤其是在语义分割（semantic segmentation）和实例分割（instance segmentation）任务上。以下是一些典型的基于深度学习的图像分割方法。

（1）FCN。FCN 是一种端到端的图像分割网络，可以处理任意大小的输入图像。FCN 将卷积神经网络中的全连接层替换为卷积层，并通过上采样操作将特征图恢复到输入图像的大小，从而实现像素级别的分类。

（2）SegNet。SegNet 是一种基于编码 - 解码结构的图像分割网络。在编码阶段，SegNet 使用卷积层和池化层提取图像特征；在解码阶段，SegNet 使用上采样层和卷积层将特征图恢复到输入图像的大小。SegNet 通过记忆池化层的索引来实现更精确的上采样操作。

（3）U-Net。U-Net 是一种具有跳跃连接（skip connections）的编码 - 解码结构网络。U-Net 通过将编码阶段的特征图与解码阶段的特征图进行融合，可以更好地保留图像的细节信息。U-Net 在医学图像分割等领域取得了显著的成功。

（4）DeepLab。DeepLab 是一种基于空洞卷积（atrous convolution）的图像分割网络。DeepLab 通过改变卷积核的采样率来扩大感受野，可以更好地捕捉图像中的上下文信息。DeepLab 还引入条件随机场（CRF）来进行后处理，以提高分割的精确性。

图像分割方法的选择取决于具体的应用场景和性能要求。在实际应用中，可能需要尝试多种方法以找到最适合的分割策略。

2.2.4 目标跟踪

目标跟踪是计算机视觉中的一项关键任务，其目的是在连续的图像序列（如视频帧）

中跟踪感兴趣的对象。目标跟踪在许多领域有广泛应用，如视频监控、自动驾驶、人机交互、运动分析和增强现实（AR）等。

目标跟踪方法可以大致分为以下两类。

1. 传统的目标跟踪方法

传统的目标跟踪方法通常依赖于手工设计的特征和特定领域的假设。以下是一些常用的传统目标跟踪方法。

（1）基于模板匹配的方法。这类方法使用模板（目标在第一帧的外观）与后续帧进行匹配，以确定目标在新帧中的位置。典型的模板匹配方法有相关滤波（Correlation Filter）和均值漂移（Mean Shift）算法。

（2）卡尔曼滤波和粒子滤波。这类方法使用概率模型（如卡尔曼滤波器或粒子滤波器）来估计目标的运动状态，并结合观测信息（如外观特征）对目标进行跟踪。这些方法通常适用于处理目标运动中的不确定性问题。

（3）多目标跟踪。在多目标跟踪任务中，需要跟踪多个对象并维护它们的身份。常用的方法有基于关联图的方法（如匈牙利算法）和基于概率模型的方法（如多目标卡尔曼滤波器和多假设跟踪）。

2. 基于深度学习的目标跟踪方法

基于深度学习的目标跟踪方法在近年来取得了显著的成功。这些方法通常使用卷积神经网络来学习目标的外观特征，以提高跟踪的准确性和鲁棒性。以下是一些典型的基于深度学习的目标跟踪方法。

（1）SiamFC（Siamese Fully-Convolutional Network，暹罗全卷积网络）。SiamFC是一种端到端的跟踪算法，通过训练一个孪生卷积神经网络来学习目标的特征表示。在跟踪阶段，SiamFC对目标与候选区域进行特征匹配，以确定目标在新帧中的位置。

（2）SiamRPN（Siamese Region Proposal Network，暹罗区域提议网络）。SiamRPN在SiamFC的基础上引入区域提议网络（RPN），以实现更精确的目标定位。SiamRPN能够学习目标的尺度和长宽比变化，从而提升跟踪性能。

（3）SiamMask。SiamMask算法在SiamRPN的基础上添加了一个用于预测目标掩码的分支，可以同时进行目标跟踪和语义分割。SiamMask通过跟踪目标的精确边界信息，提高了跟踪的准确性和鲁棒性。

（4）MDNet（Multi-Domain Network，多域网络）。MDNet是一种基于在线学习的跟踪算法，通过训练一个多域卷积神经网络来学习通用的目标表示。在跟踪阶段，MDNet会对网络进行在线微调，以适应目标的外观变化。

（5）GOTURN（Generic Object Tracking Using Regression Networks，基于回归网络的通用对象跟踪）。GOTURN是一种端到端的跟踪算法，通过训练一个回归网络来学习从输入帧到目标边界框的映射。GOTURN不需要在跟踪阶段进行在线更新，因此具有较快的运

行速度。

（6）DaSiamRPN。DaSiamRPN 是一种改进的 SiamRPN 算法，通过引入目标背景鉴别器（Distractor-aware）和自适应惩罚项（Adaptive Penalty）来提高跟踪的鲁棒性。

2.2.5 其他研究任务

1. 语义分割

语义分割是一种像素级别的分类，就是为图像中每个像素赋予一个类别标签（如羊、草地等），对比图中的语义分割没有对草地和天空进行划分，只是单纯地将每一个像素划分为：羊的像素；不是羊的像素。将羊的像素部分用颜色表示出来，一般将其称为二进制掩码，即一个 0-1 矩阵，其中羊的像素部分取值为 1，不是羊的像素部分取值为 0。于是上述的图片如果使用语义分割算法进行图像分割，得到的二进制掩码如图 2-1 所示。

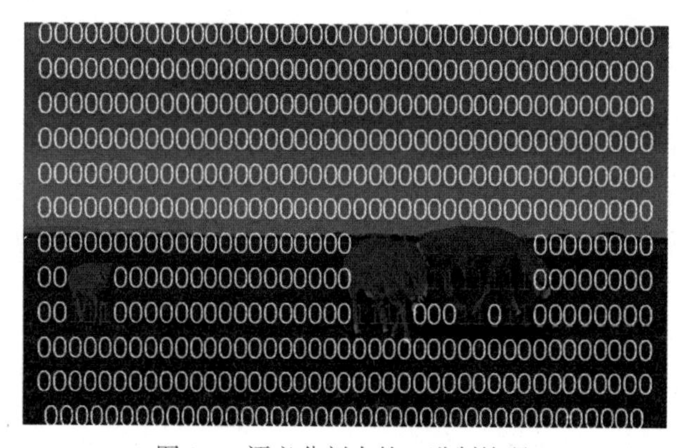

图 2-1　语义分割中的二进制掩码

通过对掩码的解析，可以知道当前图像中是否存在羊，以及羊处于什么位置。但是语义分割有局限性，比如，如果一个像素被标记为橙色，那就代表这个像素所在的位置是一只羊，但是如果有两个都是橙色的像素，语义分割无法判断它们是属于同一只羊还是不同的羊，也就是说语义分割只能判断类别，无法区分个体。

语义分割中的经典算法为 FCN，通常 CNN 在卷积层之后会接上若干个全连接层，将卷积层产生的特征图映射成一个固定长度的特征向量。以 AlexNet 为代表的经典 CNN 结构适合图像级的分类和回归任务。与经典的 CNN 在卷积层之后使用全连接层得到固定长度的特征向量进行分类不同，FCN 可以接受任意尺寸的输入图像，采用反卷积层对最后一个卷积层的 feature map 进行上采样，使它恢复到与输入图像相同的尺寸，从而对每个像素都产生了一个预测，同时保留了原始输入图像中的空间信息，最后在上采样的特征图上进行逐像素分类。

2. 实例分割

实例分割是计算机视觉中的一项任务，它旨在识别并分割图像中的各个目标实例。与语义分割不同，实例分割不仅需要将图像中的像素分配给正确的类别，还需要区分同一类别中的不同实例。实例分割在自动驾驶、无人机导航、医学图像分析等领域具有广泛的应用价值。

近年来，深度学习技术在实例分割任务上取得了显著的成功。以下是一些典型的基于深度学习的实例分割方法。

（1）Mask R-CNN。Mask R-CNN 是一种基于区域的实例分割方法，它将 Faster R-CNN 目标检测网络扩展到实例分割任务。Mask R-CNN 通过添加一个用于预测目标掩码的分支，可以同时进行目标检测和分割。Mask R-CNN 在 COCO 数据集上取得了最先进的实例分割性能。

（2）YOLACT/YOLACT++。YOLACT（You Only Look at Coefficients）是一种实时实例分割方法，它将实例分割问题转化为生成目标掩码系数的问题。YOLACT 预测一组基础掩码和目标掩码系数，然后将它们线性组合以生成最终的目标掩码。YOLACT++ 是 YOLACT 的改进版本，通过引入更多的技巧来提升分割性能。

（3）SOLO/SOLOv2。SOLO（Segmenting Objects by Locations）是一种密集预测的实例分割方法，它将实例分割任务分解为两个独立的密集分类任务：物体掩码和物体位置。SOLO 通过预测每个像素的类别和位置信息，可以直接从密集预测结果中得到目标实例。SOLOv2 是 SOLO 的改进版本，通过引入更复杂的损失函数和网络结构来提升分割性能。

（4）PointRend（Point-based Rendering）。PointRend 是一种用于提高分割结果精度的方法，它可以与现有的实例分割和语义分割网络结合使用。PointRend 通过在不规则的采样点上进行预测，可以更准确地描绘目标的边缘和细节。PointRend 与 Mask R-CNN 等方法相结合，可以在不提高计算复杂度的前提下显著提高分割精度。

3. 全景分割

全景分割是计算机视觉中的一个任务，它将实例分割和语义分割的任务结合在一起。全景分割旨在对图像中的所有像素进行分类，同时区分出同一类别的不同实例。与语义分割和实例分割不同，全景分割需要处理图像中的所有目标，包括有明确实例边界的物体（如人、车等）和没有明确实例边界的区域（如草地、天空等）。

近年来，深度学习技术在全景分割任务上取得了显著的成功。以下是一些典型的基于深度学习的全景分割方法。

（1）Panoptic FPN（Feature Pyramid Network）。Panoptic FPN 是一种端到端的全景分割方法，它在 FPN 目标检测网络的基础上进行扩展。Panoptic FPN 通过在 FPN 的各级特征图上添加语义分割分支，可以同时进行实例分割和语义分割。Panoptic FPN 使用启发式方法将实例分割和语义分割结果融合为全景分割结果。

（2）UPSNet（Unified Panoptic Segmentation Network，特征金字塔网络）。UPSNet 是一种基于 Mask R-CNN 的全景分割方法，它通过在 Mask R-CNN 中引入全景头（Panoptic Head）来实现全景分割。UPSNet 使用一个新颖的不确定性损失函数来优化实例分割和语义分割任务，然后使用全景头将两个任务的结果融合为全景分割结果。

（3）DETR（Detection Transformer，统一的全景分割网络）。DETR 是一种基于 Transformer 的目标检测和全景分割方法。DETR 将图像分割问题视为一种集合预测问题，通过全局注意力机制来捕捉目标间的关系。DETR 可以直接从 Transformer 输出预测物体边界框和掩码，然后将这些信息合并为全景分割结果。

（4）Panoptic-DeepLab。Panoptic-DeepLab 是一种基于 DeepLabv3+ 的全景分割方法，它使用双分支结构来分别处理实例分割和语义分割的任务。Panoptic-DeepLab 在实例分割分支中引入轻量级的实例中心预测模块，以提高实例边界的精度。最后，Panoptic-DeepLab 使用一种基于掩码投票的方法将实例分割和语义分割结果融合为全景分割结果。

2.2.6 计算机视觉的应用方向

计算机视觉作为一门研究如何使计算机从图像或视频中感知、理解和分析信息的学科，在众多领域中具有广泛的应用价值，其部分应用场景领域如表 2-1 所示。

表 2-1 计算机视觉部分应用场景领域

应用场景	部分应用场景领域
人脸识别	考勤、门禁；身份认证；人脸属性认知、人脸检测跟踪；真人检测；人脸对比、人脸搜索；人脸关键点定位
视频 / 监控	物体、商品智能识别 / 定位；行人属性 / 行为分析及跟踪；人流密度客流分析；道路车辆行为分析
图片识别	以图搜图；物体 / 场景识别；车型识别；人物属性、服装、时尚分析；商品识别；鉴别黄色、暴力
辅助驾驶	车辆及物体检测碰撞预警；车道偏离预警；交通标识识别；行人检测、车距检测
三维图像视觉	三维机器视觉、双目立体视觉；三维重建、三维扫描；三维地球信息系统（测量、地图）；工业仿真
工业视觉	工业相机；工业视觉检测；工业视觉测量；工控
医疗影像诊断	病变筛查、辅助治疗、慢病筛查、新药研发
文字识别	文字读取、高速录入
图像及视频编辑	图像处理、自动修复、美化、变换效果等

注：计算机视觉还在很多领域如互联网、手机行业等都会有应用场景，如识别与认证、AI 摄影、3D 视觉、视频处理等。

2.3 图像处理基础

在本节，主要对图 2-2 进行处理，其文件名为 image.jpg。

图 2-2 image.jpg 图像

2.3.1 使用 OpenCV 读取、显示和保存图像

1. 读取与显示图像

使用 imread 函数读取图像，相关代码如下，结果如图 2-3 所示。

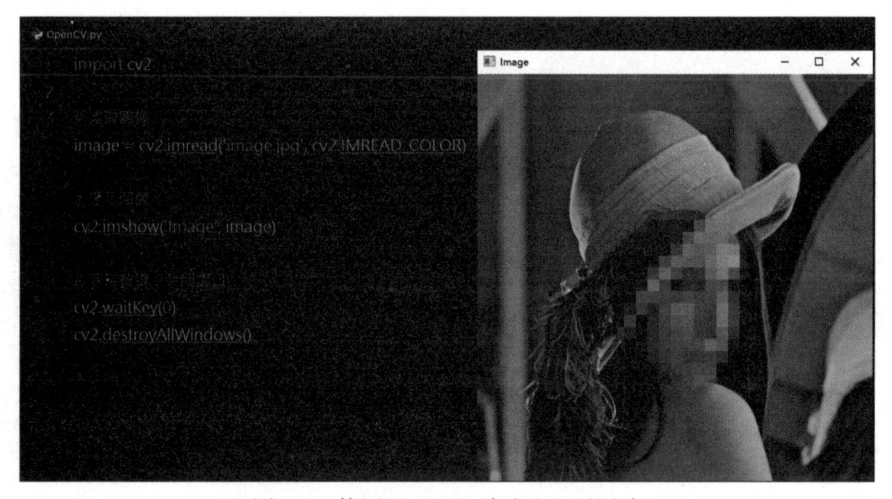

图 2-3 使用 OpenCV 读取和显示图片

```
import cv2

# 读取图像
image = cv2.imread('image.jpg', cv2.IMREAD_COLOR)

# 显示图像
cv2.imshow('Image', image)

# 等待按键，关闭窗口
cv2.waitKey(0)
cv2.destroyAllWindows()
```

imread 函数的参数解析：

（1）第一个参数是图片的路径，可以写工作目录中的相对路径，或者是磁盘中的绝对路径。

（2）第二个参数 flags 表示图片是以什么方式读取的。为便于记忆，可以用 1、0、-1 三个数分别代替上述三个属性值。常用选值如下。

① cv.IMREAD_COLOR：加载彩色图片，忽略 alpha 通道，如果是默认选项，返回 BGR（blue 蓝色、green 绿色和 red 红色）矩阵。如果图片本身是灰度图，则返回 RGB（red 红色、green 绿色和 blue 蓝色）值相同的三通道矩阵。

② cv.IMREAD_GRAYSCALE：加载灰度图片，返回单通道矩阵。

③ cv.IMREAD_UNCHANGED：加载 BGRA（blue 蓝色、green 绿色、red 红色和 alpha 阿尔法）四通道图片，增加 alpha 通道，如果图片本身没有 alpha，则返回三通道矩阵，如果图片为灰度图，则返回单通道矩阵。

（3）cv2.imshow('Image', image) 语句用于在窗口中显示图像，'Image' 是窗口的标题，image 是读取到的图像数据。

（4）cv2.waitKey(0) 使程序等待按键输入，参数 0 表示无限等待，也可以设置为其他正整数（单位为毫秒），表示等待指定时间。cv2.destroyAllWindows() 用于关闭显示图像的窗口。

2. 保存图像

使用 imwrite 函数读取图像，相关代码如下，结果如图 2-4 所示。

图 2-4　使用 OpenCV 保存图像

```
import cv2

# 读取图像
image = cv2.imread('image.jpg', cv2.IMREAD_COLOR)

# 对图像进行一些处理，例如转为灰度图像
gray_image = cv2.cvtColor(image, cv2.COLOR_BGR2GRAY)

# 保存图像
cv2.imwrite('gray_image.jpg', gray_image)
```

cv2.imwrite('gray_image.jpg', gray_image) 语句用于将 gray_image 保存到指定路径。在这个例子中，将原始彩色图像转换为灰度图像，然后将灰度图像保存到指定路径。可以根据需要对图像进行其他处理，然后使用类似的方法保存处理后的图像。

2.3.2 图像的色彩空间与色彩模型转换

在 OpenCV 中，图像的色彩空间是指图像中的颜色表示方法。常见的色彩空间有 RGB、BGR、HSV（hue 色调、saturation 饱和度和 value 值）、HLS（hue 色度、lightness 亮度和 saturation 饱和度）等。在不同的计算机视觉任务中，可能需要在不同的色彩空间之间进行转换。OpenCV 提供了一个名为 cvtColor 的函数，用于在不同的色彩空间之间转换图像。以下代码是使用 OpenCV 进行色彩空间转换的示例，结果如图 2-5 所示。

```
import cv2

# 读取图像
image = cv2.imread('image.jpg', cv2.IMREAD_COLOR)

# BGR 到灰度图像
gray_image = cv2.cvtColor(image, cv2.COLOR_BGR2GRAY)

# BGR 到 HSV
hsv_image = cv2.cvtColor(image, cv2.COLOR_BGR2HSV)
```

图 2-5　使用 OpenCV 进行色彩空间转换

```
# BGR 到 HLS
hls_image = cv2.cvtColor(image, cv2.COLOR_BGR2HLS)

# 显示不同色彩空间的图像
cv2.imshow('Original Image', image)
cv2.imshow('Gray Image', gray_image)
cv2.imshow('HSV Image', hsv_image)
cv2.imshow('HLS Image', hls_image)

cv2.waitKey(0)
cv2.destroyAllWindows()
```

这个示例展示了如何将 BGR 图像转换为灰度、HSV 和 HLS 色彩空间的图像。值得注意的是，在 OpenCV 中，常规的彩色图像是以 BGR 格式存储的，而不是通常认为的 RGB 格式。因此，在处理彩色图像时，请确保使用正确的色彩空间。

2.3.3 图像滤波与平滑操作

在 OpenCV 中，图像滤波是一种常见的图像处理技术，用于消除噪声、平滑图像或提取边缘等。以下是使用 OpenCV 进行图像滤波的示例，结果如图 2-6 所示。

图 2-6　OpenCV 对图像进行滤波

```
import cv2

# 读取图像
image = cv2.imread('image.jpg', cv2.IMREAD_COLOR)

# 均值滤波
mean_blur = cv2.blur(image, (5, 5))

# 高斯滤波
gaussian_blur = cv2.GaussianBlur(image, (5, 5), 0)

# 中值滤波
```

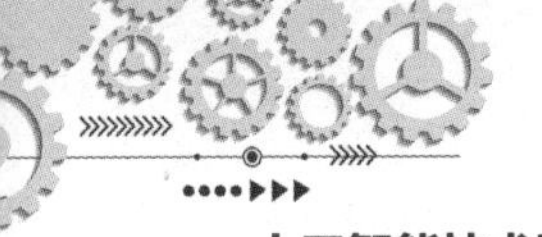


```
median_blur = cv2.medianBlur(image, 5)

# 双边滤波
bilateral_blur = cv2.bilateralFilter(image, 9, 75, 75)

# 显示不同滤波器处理后的图像
cv2.imshow('Original Image', image)
cv2.imshow('Mean Blur', mean_blur)
cv2.imshow('Gaussian Blur', gaussian_blur)
cv2.imshow('Median Blur', median_blur)
cv2.imshow('Bilateral Blur', bilateral_blur)

cv2.waitKey(0)
cv2.destroyAllWindows()
```

这个示例展示了如何对图像应用不同类型的滤波器。

（1）均值滤波：通过将像素周围的值替换为其邻域内像素值的平均值来平滑图像。

（2）高斯滤波：使用高斯函数对图像进行卷积，消除高斯噪声。

（3）中值滤波：将像素替换为其邻域内像素值的中值，消除椒盐噪声。

（4）双边滤波：在空间和像素值上进行滤波，平滑图像的同时保持边缘清晰。

2.3.4 图像增强与直方图均衡化

图像增强是一种图像处理技术，用于改善图像的视觉效果或突出某些特征。以下是使用 OpenCV 进行图像增强的示例，结果如图 2-7 所示。

```
import cv2
import numpy as np

# 读取图像
image = cv2.imread('image.jpg', cv2.IMREAD_COLOR)

# 转换为灰度图像
gray_image = cv2.cvtColor(image, cv2.COLOR_BGR2GRAY)
```

图 2-7　OpenCV 进行图像增强

```
# 直方图均衡化
equalized_image = cv2.equalizeHist(gray_image)

# 对比度和亮度调整
contrast = 1.5
brightness = 50
enhanced_image = np.clip(cv2.addWeighted(image, contrast, image, 0, brightness), 0, 255)

# 高通滤波器（锐化）
kernel = np.array([[-1, -1, -1],
                   [-1,  9, -1],
                   [-1, -1, -1]])
sharpened_image = cv2.filter2D(image, -1, kernel)

# 显示不同增强方法处理后的图像
```

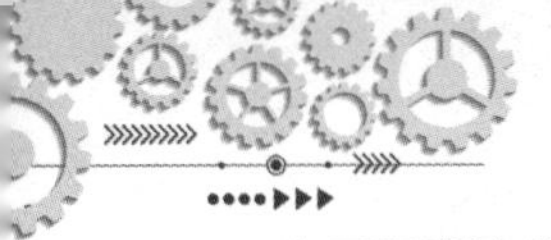


```
cv2.imshow('Original Image', image)
cv2.imshow('Equalized Image', equalized_image)
cv2.imshow('Enhanced Image', enhanced_image)
cv2.imshow('Sharpened Image', sharpened_image)

cv2.waitKey(0)
cv2.destroyAllWindows()
```

以上示例展示了如何对图像应用不同类型的增强方法，同时也可以调整增强方法的参数，以获得不同程度的增强效果。

（1）直方图均衡化：通过拉伸像素强度的分布范围来提高图像的对比度。

（2）对比度和亮度调整：通过改变图像的对比度和亮度来调整图像效果。

（3）高通滤波器（锐化）：通过突出图像的高频信息来增强图像的边缘和细节。

2.3.5 边缘检测与特征提取

在 OpenCV 中，边缘检测和特征提取是图像处理的关键步骤。以下是使用 OpenCV 进行边缘检测和特征提取的示例，结果如图 2-8 所示。

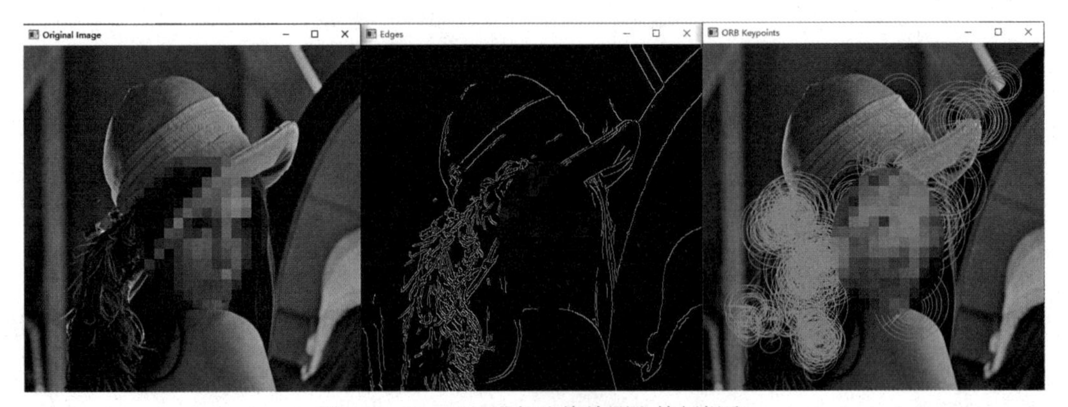

图 2-8　OpenCV 进行边缘检测和特征提取

```
import cv2
import numpy as np

# 读取图像
image = cv2.imread('image.jpg', cv2.IMREAD_COLOR)
```

```
# 转换为灰度图像
gray_image = cv2.cvtColor(image, cv2.COLOR_BGR2GRAY)

# Canny 边缘检测
edges = cv2.Canny(gray_image, 100, 200)

# ORB 特征提取
orb = cv2.ORB_create()
keypoints, descriptors = orb.detectAndCompute(gray_image, None)

# 在图像上绘制关键点
keypoints_image = cv2.drawKeypoints(image, keypoints, None, color=(0, 255, 0),
flags=cv2.DrawMatchesFlags_DRAW_RICH_KEYPOINTS)

# 显示边缘检测和特征提取结果
cv2.imshow('Original Image', image)
cv2.imshow('Edges', edges)
cv2.imshow('ORB Keypoints', keypoints_image)

cv2.waitKey(0)
cv2.destroyAllWindows()
```

这个示例展示了如何对图像应用边缘检测和特征提取方法。

（1）Canny 边缘检测：使用 Canny 算法检测图像中的边缘。

（2）ORB 特征提取：使用 ORB[Oriented FAST and Rotated BRIEF，面向 FAST（加速分段测试特征点提取算法）和旋转的 BRIEF（二进制独立鲁棒基本特征）] 算法提取图像中的关键点和描述符。

你可以根据需要调整边缘检测和特征提取方法的参数，以获得不同程度的检测和提取效果。

2.3.6　图像变换与几何操作

在 OpenCV 中，图像变换和几何操作用于改变图像的大小、旋转、翻转和扭曲等。以下是使用 OpenCV 进行图像变换和几何操作的示例，结果如图 2-9 所示。

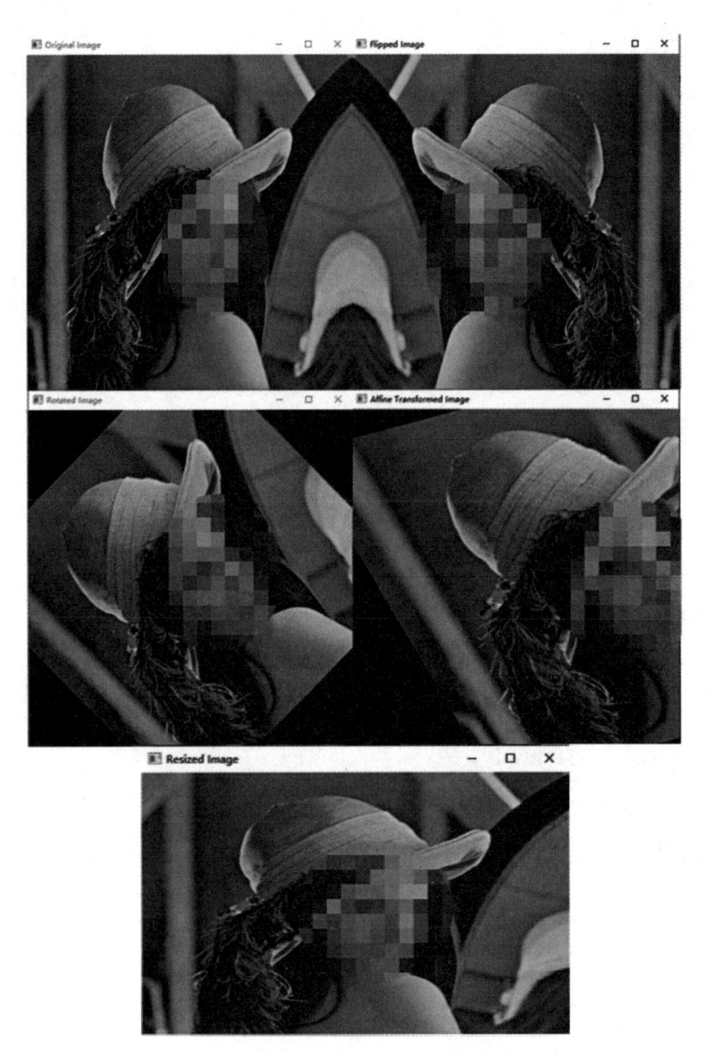

图 2-9　OpenCV 进行图像变换和几何操作

```
import cv2
import numpy as np

# 读取图像
image = cv2.imread('image.jpg', cv2.IMREAD_COLOR)

# 缩放图像
resized_image = cv2.resize(image, (500, 300), interpolation=cv2.INTER_LINEAR)

# 旋转图像
```

```
(h, w) = image.shape[:2]
center = (w // 2, h // 2)
angle = 45
scale = 1.0
rotation_matrix = cv2.getRotationMatrix2D(center, angle, scale)
rotated_image = cv2.warpAffine(image, rotation_matrix, (w, h))

# 翻转图像
flipped_image = cv2.flip(image, 1)  # 参数为 1 表示水平翻转，0 表示垂直翻转，-1 表示水平垂直翻转

# 仿射变换
src_pts = np.float32([[50, 50], [200, 50], [50, 200]])
dst_pts = np.float32([[10, 100], [200, 50], [100, 250]])
affine_matrix = cv2.getAffineTransform(src_pts, dst_pts)
affine_transformed_image = cv2.warpAffine(image, affine_matrix, (w, h))

# 显示不同变换处理后的图像
cv2.imshow('Original Image', image)
cv2.imshow('Resized Image', resized_image)
cv2.imshow('Rotated Image', rotated_image)
cv2.imshow('Flipped Image', flipped_image)
cv2.imshow('Affine Transformed Image', affine_transformed_image)

cv2.waitKey(0)
cv2.destroyAllWindows()
```

这个示例展示了如何对图像应用不同类型的几何变换。

（1）缩放：通过改变图像的大小来缩放图像。

（2）旋转：通过旋转图像来改变其方向。

（3）翻转：通过水平或垂直翻转图像来改变其方向。

（4）仿射变换：通过对图像应用线性变换和平移来改变其形状和方向。

你可以根据需要调整变换操作的参数，以获得不同程度的变换效果。

2.4 特征描述与匹配

2.4.1 OpenCV 中的特征点检测与描述方法

特征点检测与描述方法在计算机视觉中扮演着重要角色。它们主要用于从图像中提取显著的点或区域，这些点或区域可以在不同的图像中重复出现，具有独特性和区分度。特征点检测主要关注寻找图像中的显著点，而描述方法则将这些点表示成具有独特性的特征向量。特征点检测与描述方法的应用领域主要有以下五个方面。

1. 特征匹配

通过比较两幅图像中的特征点及其描述符，可以找到匹配的点对。这种匹配有助于图像拼接、立体视觉和同类物体识别等任务。

2. 物体识别

对于物体识别任务，可以根据训练样本中物体的特征点和描述符建立模型，然后将这些模型应用于测试图像，以识别和定位特定物体。

3. 场景理解

通过分析图像中的特征点及其描述符，可以获取场景中物体的位置、姿态以及相互关系等信息，有助于理解场景的结构和内容。

4. 运动估计和跟踪

通过比较连续帧中的特征点及其描述符，可以估计相机和物体的运动。这在视频稳定、三维重建和目标跟踪等任务中非常重要。

5. 图像检索

在图像检索任务中，可以使用特征点及其描述符来比较图像的相似度，从而找到与查询图像相似的图像。

2.4.2 特征点检测与描述方法

特征点检测与描述方法包括 SIFT、SURF、ORB、BRISK（二进制鲁棒不变标量特征）、KAZE（以日语“风”的谐音命名）等。这些方法在不同程度上具有尺度、旋转和光照不变性，可以在各种计算机视觉任务中发挥重要作用。

1. SIFT

SIFT 是一种尺度不变的特征检测方法，可以检测并描述具有旋转、尺度和照明变化的图像中的关键点。在 OpenCV 中，可以使用 cv2.xfeatures2d.SIFT_create() 创建 SIFT 检测器。

算法原理：尺度空间极值检测、关键点定位与筛选、关键点方向分配、关键点描述。

OpenCV 的代码实现：

```
import cv2

image = cv2.imread('image.jpg', cv2.IMREAD_GRAYSCALE)
sift = cv2.xfeatures2d.SIFT_create()
keypoints, descriptors = sift.detectAndCompute(image, None)
```

2. SURF

SURF 是一种类似于 SIFT 但速度更快的特征检测方法。在 OpenCV 中，可以使用 cv2.xfeatures2d.SURF_create() 创建 SURF 检测器。

算法原理：快速黑塞（Hessian）矩阵、关键点定位与筛选、关键点描述。

OpenCV 实现：

```
import cv2

image = cv2.imread('image.jpg', cv2.IMREAD_GRAYSCALE)
surf = cv2.xfeatures2d.SURF_create()
keypoints, descriptors = surf.detectAndCompute(image, None)
```

3. ORB

ORB 是一种旨在提升实时应用性能的快速特征检测方法。在 OpenCV 中，可以使用 cv2.ORB_create() 创建 ORB 检测器。

算法原理：FAST 关键点检测、关键点方向分配、BRIEF 描述符。

OpenCV 实现：

```
import cv2

image = cv2.imread('image.jpg', cv2.IMREAD_GRAYSCALE)
orb = cv2.ORB_create()
keypoints, descriptors = orb.detectAndCompute(image, None)
```

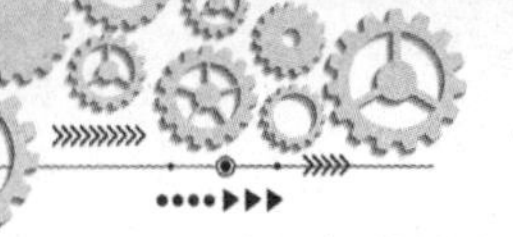

4. BRISK

BRISK 是一种基于 FAST 关键点检测和描述符生成的特征检测方法。在 OpenCV 中，可以使用 cv2.BRISK_create() 创建 BRISK 检测器。

算法原理：FAST 关键点检测、关键点描述。

OpenCV 实现：

```
import cv2

image = cv2.imread('image.jpg', cv2.IMREAD_GRAYSCALE)
brisk = cv2.BRISK_create()
keypoints, descriptors = brisk.detectAndCompute(image, None)
```

5. KAZE（KAZE 特征）

KAZE 是一种非线性尺度空间特征检测方法。在 OpenCV 中，可以使用 cv2.KAZE_create() 创建 KAZE 检测器。

算法原理：非线性尺度空间特征检测、关键点定位与筛选、关键点描述。

OpenCV 实现：cv2.KAZE_create()：

```
import cv2

image = cv2.imread('image.jpg', cv2.IMREAD_GRAYSCALE)
kaze = cv2.KAZE_create()
keypoints, descriptors = kaze.detectAndCompute(image, None)
```

2.5 深度学习与计算机视觉

2.5.1 OpenCV 中的深度学习模块

OpenCV 的深度学习模块（DNN）是一个支持多种深度学习框架的模块，可以帮助用户轻松地在 OpenCV 中使用深度学习模型。这个模块可以加载训练好的模型，用于推理任务，如图像分类、目标检测、语义分割等。OpenCV DNN 模块支持如下深度学习框架。

（1）TensorFlow。

（2）Caffe。

（3）Torch。

（4）Darknet (YOLO)。

（5）ONNX。

OpenCV DNN 模块的主要优势之一是跨平台性，支持 Windows、Linux 和 MacOS 等操作系统。此外，它可以在 CPU 和 GPU（包括 NVIDIA 和 OpenCL）上运行，这使它在不同硬件环境中具有良好的性能表现。

要使用 OpenCV 的 DNN 模块，首先需要从支持的框架中加载训练好的模型。然后，可以使用模型进行前向传播，得到模型的预测输出。根据具体任务，可以对输出进行解析，如提取目标检测的边界框、计算分类的概率等。

使用 OpenCV DNN 模块的关键步骤如下。

1. 加载模型

使用 cv2.dnn.readNetFromCaffe、cv2.dnn.readNetFromTensorflow、cv2.dnn.readNetFromTorch、cv2.dnn.readNetFromDarknet 或 cv2.dnn.readNetFromONNX 等函数，根据模型的来源加载训练好的模型。

2. 设置输入

将待处理的图像或数据通过 cv2.dnn.blobFromImage 或 cv2.dnn.blobFromImages 函数转换成适合模型输入的 Blob 格式，然后使用 cv2.dnn.Net.setInput 方法设置网络的输入。

3. 前向传播

使用 cv2.dnn.Net.forward 方法进行前向传播，得到模型的输出。

4. 解析输出

根据具体任务，对模型输出进行解析，如提取目标检测的边界框、计算分类的概率等。

OpenCV DNN 模块为用户提供了一个简洁的接口，可以方便地在计算机视觉任务中使用深度学习模型，而无须深入了解各种深度学习框架的实现细节。

2.5.2 导入预训练模型进行图像分类和目标检测

在 OpenCV 中，可以使用 DNN 模块导入预训练模型进行图像分类和目标检测。以下是使用 OpenCV 导入预训练模型进行图像分类和目标检测的示例。

1. 导入预训练模型进行图像分类

在 OpenCV 中，可以使用 DNN 模块导入预训练模型进行图像分类。以下是使用 OpenCV 加载一个预训练的 MobileNet 模型，并对输入图像进行分类，在运行代码前，需要注意以下两点。

（1）下载预训练模型。

从以下链接下载预训练的 MobileNet 模型（caffemodel 和 prototxt 文件）：

MobileNet - https://github.com/shicai/MobileNet-Caffe

（2）下载类别标签文件。

从以下链接下载 ImageNet 类别标签文件（synset_words.txt）：

https://github.com/opencv/opencv/blob/master/samples/data/dnn/synset_words.txt

```
import cv2
import numpy as np

def load_labels(label_file):
    with open(label_file, "r") as f:
        labels = f.read().strip().split("\n")
    return [label.split(" ", 1)[1].strip() for label in labels]

def preprocess_image(image, size=(224, 224)):
    resized = cv2.resize(image, size)
    mean = np.array([104, 117, 123], dtype="float32")
    preprocessed = resized.astype("float32") - mean
    return preprocessed.transpose(2, 0, 1).reshape(1, 3, 224, 224)

def classify_image(image, model, labels):
    net = cv2.dnn.readNetFromCaffe(model["prototxt"], model["caffemodel"])
    blob = preprocess_image(image)
    net.setInput(blob)
    output = net.forward()
    idx = output.argmax()
    return labels[idx], output[0][idx]

# Load the model and labels
model = {
    "prototxt": "path/to/MobileNet_deploy.prototxt",
    "caffemodel": "path/to/MobileNet_deploy.caffemodel"
}
```

```
labels = load_labels("path/to/synset_words.txt")

# Read and preprocess the image
image_path = "path/to/image.jpg"
image = cv2.imread(image_path)

# Classify the image
label, confidence = classify_image(image, model, labels)

# Print the result
print(f"Class: {label}, Confidence: {confidence}")
```

代码将使用 MobileNet 模型对输入图像进行分类，并输出预测的类别和置信度。

2. 导入预训练模型进行目标检测

使用 OpenCV 进行目标检测时，可以利用预训练的深度学习模型。在这个示例中，我们将使用 Python 和 OpenCV 库加载一个预训练的 MobileNet-SSD 模型（Single Shot MultiBox Detector），并对输入图像进行目标检测。在运行代码前，需要注意以下两点。

（1）下载预训练模型。

从以下链接下载预训练的 MobileNet-SSD 模型（caffemodel 和 prototxt 文件）：

MobileNet-SSD - https://github.com/chuanqi305/MobileNet-SSD

（2）下载类别标签文件。

从以下链接下载 COCO 数据集类别标签文件（coco_labels.txt）：

https://github.com/chuanqi305/MobileNet-SSD/blob/master/coco_labels.txt

```
import cv2
import numpy as np

def load_labels(label_file):
    with open(label_file, "r") as f:
        labels = f.read().strip().split("\n")
    return labels

def preprocess_image(image, size=(300, 300)):
```

```
    resized = cv2.resize(image, size)
    blob = cv2.dnn.blobFromImage(resized, 0.007843, size, 127.5)
    return blob

def detect_objects(image, model, labels, conf_threshold=0.5):
    net = cv2.dnn.readNetFromCaffe(model["prototxt"], model["caffemodel"])
    blob = preprocess_image(image)
    net.setInput(blob)
    detections = net.forward()
    return detections[0, 0, :, :]

def draw_boxes(image, detections, labels, conf_threshold=0.5):
    h, w = image.shape[:2]
    for detection in detections:
        class_id = int(detection[1])
        confidence = float(detection[2])

        if confidence > conf_threshold:
            x1, y1, x2, y2 = (detection[3:7] * np.array([w, h, w, h])).astype("int")
            label = f"{labels[class_id]}: {confidence * 100:.2f}%"
            cv2.rectangle(image, (x1, y1), (x2, y2), (0, 255, 0), 2)
            cv2.putText(image, label, (x1, y1 - 5), cv2.FONT_HERSHEY_SIMPLEX, 0.5, (0, 255,
0), 2)
    return image

# Load the model and labels
model = {
    "prototxt": "path/to/MobileNetSSD_deploy.prototxt",
    "caffemodel": "path/to/MobileNetSSD_deploy.caffemodel"
}
labels = load_labels("path/to/coco_labels.txt")

# Read the image
image_path = "path/to/image.jpg"
```

```
image = cv2.imread(image_path)

# Detect objects in the image
detections = detect_objects(image, model, labels)

# Draw bounding boxes and labels on the image
result = draw_boxes(image, detections, labels)

# Show the result
cv2.imshow("Result", result)
cv2.waitKey(0)
cv2.destroyAllWindows()
```

2.5.3 实现简单的卷积神经网络

这个示例将使用 OpenCV 实现一个简单的 CNN 来识别 MNIST 数据集中的手写数字。首先，确保已安装所需库。

```
pip install opencv-python
pip install opencv-python-headless
pip install keras
pip install tensorflow
pip install numpy
pip install matplotlib
```

接下来，实现一个简单的 CNN。

```
import cv2
import keras
import numpy as np
import matplotlib.pyplot as plt
from keras.datasets import mnist
from keras.models import Sequential
from keras.layers import Dense, Dropout, Flatten
```

```
from keras.layers import Conv2D, MaxPooling2D
from keras import backend as K

# 加载 MNIST 数据
(x_train, y_train), (x_test, y_test) = mnist.load_data()

# 数据预处理
num_classes = 10
x_train = x_train.reshape(x_train.shape[0], 28, 28, 1)
x_test = x_test.reshape(x_test.shape[0], 28, 28, 1)
input_shape = (28, 28, 1)

# 归一化处理
x_train = x_train.astype('float32')
x_test = x_test.astype('float32')
x_train /= 255
x_test /= 255

# 将标签转换为独热编码
y_train = keras.utils.to_categorical(y_train, num_classes)
y_test = keras.utils.to_categorical(y_test, num_classes)

# 创建简单的 CNN
model = Sequential()
# 添加卷积层，使用 ReLU 激活函数
model.add(Conv2D(32, kernel_size=(3, 3), activation='relu', input_shape=input_shape))
# 添加最大池化层，缩小特征图
model.add(MaxPooling2D(pool_size=(2, 2)))
# 添加 Dropout 层，防止过拟合
model.add(Dropout(0.25))
# 将特征图展平，转换为一维向量
model.add(Flatten())
# 添加全连接层，使用 ReLU 激活函数
model.add(Dense(128, activation='relu'))
```

```
# 添加 Dropout 层，防止过拟合
model.add(Dropout(0.5))
# 添加输出层，使用 softmax 激活函数进行多分类
model.add(Dense(num_classes, activation='softmax'))

# 编译模型，使用 Adadelta 优化器和分类交叉熵损失函数
model.compile(loss=keras.losses.categorical_crossentropy, optimizer=keras.optimizers.
Adadelta(), metrics=['accuracy'])

# 训练模型，使用训练数据
model.fit(x_train, y_train, batch_size=128, epochs=10, verbose=1, validation_data=(x_test,
y_test))

# 使用测试数据评估模型性能
score = model.evaluate(x_test, y_test, verbose=0)
print('Test loss:', score[0])
print('Test accuracy:', score[1])

# 使用训练好的模型对一个测试图像进行预测
test_image = x_test[0]
# 显示测试图像
plt.imshow(test_image.reshape(28, 28), cmap='gray')
plt.show()

# 将图像调整为模型所需的输入尺寸
test_image = test_image.reshape(1, 28, 28, 1)
prediction = model.predict(test_image)
print("Predicted digit:", np.argmax(prediction))
```

这个案例首先加载 MNIST 数据集，然后创建一个简单的 CNN 模型。该模型包括一个卷积层、一个最大池化层、一个 Dropout 层、一个全连接层和一个输出层。我们使用 Adadelta 优化器和分类交叉熵损失函数来编译模型。接下来，我们使用训练数据集训练模型，然后使用测试数据集评估模型的性能。最后，我们使用训练好的模型对一个测试图像进行预测。

2.6 目标检测与跟踪

在 OpenCV 中，目标检测与跟踪是一种结合计算机视觉库 OpenCV 的目标检测和目标跟踪技术的方法。目标检测是在图像或视频帧中识别并定位感兴趣的对象（目标），而目标跟踪则是在视频序列中连续跟踪这些目标的位置和状态。

1. 目标检测

在这个阶段，需要识别并定位图像或视频帧中的目标。OpenCV 提供了许多预训练的模型和算法（如 Haar 级联分类器、HOG+SVM、MobileNet-SSD 等）来实现目标检测。这些算法在不同的应用场景和性能需求下有各自的优势。

2. 目标跟踪

在检测到目标后，需要在视频序列中跟踪目标的位置和状态。OpenCV 提供了一些高效的目标跟踪算法 [如 KCF（Kernelized Correlation Filters）、MIL（Multiple Instance Learning）、TLD（Tracking-Detection-Learning）、MOSSE（Minimum Output Sum of Squared Error）等，这些算法可以实时地跟踪视频中的目标。

在基于 OpenCV 的目标检测与跟踪系统中，通常首先使用目标检测算法在图像或视频帧中检测目标，然后使用目标跟踪算法在视频序列中跟踪这些目标。这种方法的优点是可以利用 OpenCV 中的现有工具和算法，降低实现难度，提高处理速度，同时依然保持较高的准确度。

2.6.1 基于 OpenCV 的目标检测方法

OpenCV 提供了多种目标检测方法，这些方法可以根据任务的不同需求和性能要求进行选择。以下是一些基于 OpenCV 的主要目标检测方法。

1. Haar 级联分类器

这是一个基于特征的目标检测方法，主要用于人脸检测。它使用一组预训练的 Haar 特征级联来检测图像中的目标。尽管这种方法速度较快，但对于复杂的目标和多种类型的目标，准确性可能较低。

2. HOG+SVM

这是一种基于特征的目标检测方法，主要用于行人检测。它首先计算图像的 HOG 特征，然后使用 SVM 分类器来检测目标。这种方法在准确性和速度方面取得了较好的平衡。

3. 基于深度学习的方法

近年来，深度学习在计算机视觉领域取得了显著的进展，特别是在目标检测任务上。OpenCV 也支持使用预训练的深度学习模型进行目标检测。常见的深度学习目标检测算法包括以下几方面。

（1）R-CNN 系列 (R-CNN、Fast R-CNN、Faster R-CNN)。

（2）Single Shot MultiBox Detector(SSD)。

（3）You Only Look Once(YOLO)。

（4）RetinaNet。

这些方法在准确性和实时性方面取得了很好的成果。在 OpenCV 中，可以使用 DNN 模块轻松地加载和使用这些预训练模型。根据任务需求和性能要求，可以选择合适的基于 OpenCV 的目标检测方法。对于实时应用和较高的准确性要求，通常推荐使用基于深度学习的方法。

要使用 OpenCV DNN 模块进行实时目标检测，需要一个预训练的目标检测模型。在这可以使用 MobileNet-SSD 模型进行实时目标检测。模型文件的下载地址如下，下载完毕后利用模型文件实现实时的目标检测。

MobileNet-SSD prototxt 文件的下载地址：

https://github.com/chuanqi305/MobileNet-SSD/blob/master/deploy.prototxt

MobileNet-SSD caffemodel 文件的下载地址：

https://github.com/chuanqi305/MobileNet-SSD/blob/master/mobilenet_iter_73000.caffemodel

```
import cv2
import numpy as np

# 加载预训练的 MobileNet-SSD 模型
model_file = "deploy.prototxt"
weights_file = "mobilenet_iter_73000.caffemodel"
net = cv2.dnn.readNetFromCaffe(model_file, weights_file)

# 使用摄像头进行实时视频捕获
cap = cv2.VideoCapture(0)

# 循环处理视频帧
while True:
  # 读取视频帧
  ret, frame = cap.read()

  # 创建一个 blob，并将其输入网络中
  blob = cv2.dnn.blobFromImage(frame, 0.007843, (300, 300), 127.5)
```

```
    net.setInput(blob)

    # 进行前向传播，获取检测结果
    detections = net.forward()

    # 处理检测结果
    for i in range(detections.shape[2]):
        # 获取置信度
        confidence = detections[0, 0, i, 2]

        # 如果置信度大于阈值，显示检测框和类别标签
        if confidence > 0.5:
            class_id = int(detections[0, 0, i, 1])
            x_start, y_start, x_end, y_end = (detections[0, 0, i, 3:7] * np.array([frame.shape[1], frame.shape[0], frame.shape[1], frame.shape[0]])).astype(int)

            # 在图像上绘制矩形框和类别标签
            cv2.rectangle(frame, (x_start, y_start), (x_end, y_end), (0, 255, 0), 2)
            cv2.putText(frame, str(class_id), (x_start, y_start - 10), cv2.FONT_HERSHEY_SIMPLEX, 0.5, (0, 255, 0), 2)

    # 显示带有检测结果的图像
    cv2.imshow("Video", frame)

    # 按 'Q' 键退出循环
    if cv2.waitKey(1) & 0xFF == ord('Q'):
        break

# 释放资源并关闭窗口
cap.release()
cv2.destroyAllWindows()
```

运行上述代码，可以看到实时目标检测的结果。如果要退出程序，按键盘上的“Q”键。

2.6.2 使用预训练模型进行实时目标检测

要在 OpenCV 中使用预训练模型进行实时目标检测，需要先获取一个预训练模型（如 YOLO、SSD 等），这里以 MobileNet-SSD 为例。下载 .caffemodel 和 .prototxt 文件。

MobileNet-SSD 模型下载链接：

prototxt：

https://github.com/chuanqi305/MobileNet-SSD/blob/master/deploy.prototxt

caffemodel：

https://github.com/chuanqi305/MobileNet-SSD/blob/master/mobilenet_iter_73000.caffemodel

代码如下：

```
import cv2
import numpy as np

# 加载预训练模型
prototxt = 'deploy.prototxt'
caffemodel = 'mobilenet_iter_73000.caffemodel'
net = cv2.dnn.readNetFromCaffe(prototxt, caffemodel)

# 打开摄像头
cap = cv2.VideoCapture(0)

while True:
    # 读取摄像头帧
    ret, frame = cap.read()

    # 将图像转换为 blob 格式
    blob = cv2.dnn.blobFromImage(frame, 1.0, (300, 300), (104.0, 177.0, 123.0))

    # 使用 DNN 模块进行目标检测
    net.setInput(blob)
    detections = net.forward()
```

```
    # 遍历检测结果
    for i in range(detections.shape[2]):
      confidence = detections[0, 0, i, 2]

      # 筛选置信度较高的检测结果
      if confidence > 0.5:
        # 获取检测框的坐标
          box = detections[0, 0, i, 3:7] * np.array([frame.shape[1], frame.shape[0], frame.
shape[1], frame.shape[0]])
        (startX, startY, endX, endY) = box.astype("int")

        # 绘制检测框和置信度
        text = "{:.2f}%".format(confidence * 100)
        cv2.rectangle(frame, (startX, startY), (endX, endY), (0, 0, 255), 2)
          cv2.putText(frame, text, (startX, startY - 10), cv2.FONT_HERSHEY_SIMPLEX, 0.45,
(0, 0, 255), 2)

    # 显示结果
    cv2.imshow("Real-time Object Detection", frame)

    # 按 'Q' 键退出循环
    if cv2.waitKey(1) & 0xFF == ord('Q'):
      break

  # 释放资源并关闭窗口
  cap.release()
  cv2.destroyAllWindows()
```

2.6.3 目标跟踪算法与实现

OpenCV 提供了许多内置的目标跟踪算法，这些算法都可以通过 cv2.Tracker 类进行访问。下面是一些基于 OpenCV 的主要目标跟踪算法。

（1）BOOSTING Tracker。

（2）MIL Tracker。

（3）KCF Tracker。

（4）TLD Tracker。

（5）MedianFlow Tracker。

（6）MOSSE Tracker。

（7）CSRT Tracker。

下面的 Python 代码示例演示了如何使用 OpenCV 实现基于 KCF 算法的目标跟踪：

```
import cv2

# 初始化摄像头
cap = cv2.VideoCapture(0)

# 读取第一帧
ret, frame = cap.read()

# 选择要跟踪的目标区域
roi = cv2.selectROI(frame, False)

# 创建 KCF 跟踪器
tracker = cv2.TrackerKCF_create()

# 初始化跟踪器
ret = tracker.init(frame, roi)

while True:
    # 读取摄像头帧
    ret, frame = cap.read()

    # 更新跟踪器
    success, roi = tracker.update(frame)

    # 绘制跟踪框
    if success:
        (x, y, w, h) = tuple(map(int, roi))
        cv2.rectangle(frame, (x, y), (x+w, y+h), (0, 255, 0), 2)
```

```
    else:
        cv2.putText(frame, "Tracking failed", (100, 200), cv2.FONT_HERSHEY_SIMPLEX, 1, (0,
0, 255), 3)

    # 显示结果
    cv2.imshow("Tracking", frame)

    # 按 'Q' 键退出循环
    if cv2.waitKey(1) & 0xFF == ord('Q'):
        break

# 释放资源并关闭窗口
cap.release()
cv2.destroyAllWindows()
```

这个代码示例首先从摄像头捕获视频，并使用 cv2.selectROI 选择要跟踪的区域。然后，它创建并初始化 KCF 跟踪器。在循环中，跟踪器会更新目标的位置，并在每帧上绘制跟踪框。按“Q”键退出循环。

类似地，可以使用其他跟踪算法替换 cv2.TrackerKCF_create()。例如，如果要使用 CSRT 跟踪器，可以将代码更改为 tracker = cv2.TrackerCSRT_create()。

2.7 图像分割与实例分割

2.7.1 OpenCV 中的图像分割方法

OpenCV 提供了多种图像分割方法，包括基于阈值的分割、基于颜色的分割、基于边缘的分割、基于区域的分割和基于深度学习的分割。

1. 基于阈值的分割

这种方法主要通过设置阈值将图像分割成不同的部分。OpenCV 中提供了 cv2.threshold() 函数，可以应用不同的阈值方法，如二值阈值、自适应阈值和 Otsu 阈值等。

2. 基于颜色的分割

基于颜色的分割是基于图像中的颜色进行分割。通常，首先将图像从 RGB 色彩空间转换到其他色彩空间（如 HSV 或 Lab），然后根据特定颜色范围设置阈值。在 OpenCV 中，可以使用 cv2.inRange() 函数实现颜色分割。

3. 基于边缘的分割

基于边缘的分割方法试图检测图像中的边缘，然后基于这些边缘对图像进行分割。OpenCV 中的 Canny 边缘检测器是一种常用的边缘检测方法，可以使用 cv2.Canny() 函数实现。

4. 基于区域的分割

基于区域的分割方法将图像划分为具有相似特征（如颜色、纹理等）的区域。常见的基于区域的分割算法有分水岭算法和基于聚类的分割（如均值漂移算法）。OpenCV 提供了 cv2.watershed() 函数实现分水岭算法。

5. 基于深度学习的分割

随着深度学习的发展，许多基于神经网络的图像分割算法被提出。这些算法通常可以提供更精确的分割结果。在 OpenCV 中，可以使用深度学习模块导入预训练的深度学习模型（如 U-Net、Mask R-CNN 等）进行图像分割。

2.7.2 基于深度学习的语义分割

在 OpenCV 中，可以使用深度学习模块进行基于深度学习的语义分割。下面的示例展示了如何使用 OpenCV 导入预训练的模型进行语义分割。

```
import cv2
import numpy as np

def segment_image(image_path, model_config, model_weights):
    # 加载模型
    net = cv2.dnn.readNetFromCaffe(model_config, model_weights)

    # 读取图像
    image = cv2.imread(image_path)

    # 预处理图像
    blob = cv2.dnn.blobFromImage(image, scalefactor=1.0, size=(500, 500),
mean=(104.00698793, 116.66876762, 122.67891434), swapRB=False, crop=False)
```

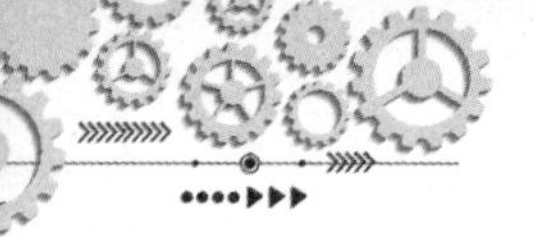


```
    # 将预处理后的图像传递给网络
    net.setInput(blob)

    # 进行前向传播并获取分割结果
    segmentation = net.forward()

    # 将分割结果调整为图像原始尺寸
    segmentation = np.argmax(segmentation[0], axis=0)
    segmentation = cv2.resize(segmentation.astype(np.uint8), (image.shape[1], image.shape[0]))

    return segmentation

# 设置模型配置文件和预训练权重文件的路径
model_config = "path/to/your/deploy.prototxt"
model_weights = "path/to/your/fcn8s-heavy-pascal.caffemodel"

# 设置输入图像的路径
image_path = "image.jpg"

# 进行语义分割
segmentation = segment_image(image_path, model_config, model_weights)

# 显示结果
cv2.imshow("Segmentation", segmentation)
cv2.waitKey(0)
cv2.destroyAllWindows()
```

这个示例首先定义了一个名为 segment_image 的函数，它接受图像路径、模型配置文件路径和模型权重文件路径作为输入。函数加载模型，读取图像，对图像进行预处理，然后将预处理后的图像传递给神经网络。其分割结果是一个与输入图像尺寸相同的矩阵。

2.7.3 实例分割算法与实现

下面是一个使用 Python 和 OpenCV DNN 模块进行实例分割的完整示例。在这个示例中，我们使用了预训练的 Mask R-CNN 模型，该模型在 COCO 数据集上进行了训练。

```
import cv2
import numpy as np

def instance_segmentation(image_path, model_config, model_weights):
    # 加载模型
    net = cv2.dnn.readNetFromTensorflow(model_weights, model_config)

    # 读取图像
    image = cv2.imread(image_path)

    # 预处理图像
    blob = cv2.dnn.blobFromImage(image, swapRB=True, crop=False)
    net.setInput(blob)

    # 进行前向传播并获取结果
    boxes, masks = net.forward(["detection_out_final", "detection_masks"])

    # 遍历结果
    for i in range(boxes.shape[2]):
        class_id = int(boxes[0, 0, i, 1])
        score = boxes[0, 0, i, 2]
        if score > 0.5:
            # 获取边界框和掩膜
             box = boxes[0, 0, i, 3:7] * np.array([image.shape[1], image.shape[0], image.shape[1],
image.shape[0]])
            mask = masks[i, class_id]

            # 调整掩膜尺寸并应用阈值
            mask = cv2.resize(mask, (int(box[2] - box[0]), int(box[3] - box[1])))
            mask = (mask > 0.5)

            # 提取对象实例
            instance = np.zeros_like(image, dtype=np.uint8)
```

```
            instance[mask] = image[mask]

            # 显示结果
            cv2.imshow(f"Instance {i}", instance)

        cv2.waitKey(0)
        cv2.destroyAllWindows()

# 设置模型配置文件和预训练权重文件的路径
model_config = "path/to/your/mask_rcnn_inception_v2_coco_2018_01_28.pbtxt"
model_weights = "path/to/your/frozen_inference_graph.pb"

# 设置输入图像的路径
image_path = "path/to/your/image.jpg"

# 进行实例分割
instance_segmentation(image_path, model_config, model_weights)
```

这个示例首先定义了一个名为 instance_segmentation 的函数，它接受图像路径、模型配置文件路径和模型权重文件路径作为输入。函数加载模型，读取图像，对图像进行预处理，然后将预处理后的图像传递给神经网络。我们从网络输出中获取边界框和掩膜，并对每个对象实例进行处理。

2.8 计算机视觉的局限性与未来发展

2.8.1 计算机视觉的局限性

计算机视觉领域在过去的几十年里取得了显著的进步，特别是在深度学习技术的推动下。然而，其仍然存在一些局限性。

1. 数据依赖

计算机视觉模型通常需要大量的标注数据来进行训练，而获取这些数据可能是昂贵且耗时的。在许多情况下，数据不足或标注不准确可能导致模型的性能下降。

2. 泛化能力

虽然深度学习模型在特定任务上取得了很高的准确率，但它们可能难以应对新颖的、未见过的场景。此外，模型可能会对训练数据中的一些微妙特征过拟合，导致泛化能力降低。

3. 计算资源

训练复杂的计算机视觉模型，特别是深度学习模型，需要大量的计算资源。这可能限制了低资源环境下模型的应用。

4. 实时性能

在某些实时应用中，计算机视觉模型可能难以满足实时性能要求。为了提高速度，可能需要牺牲一定的准确性。

5. 对抗攻击

计算机视觉模型容易受到对抗攻击的影响。通过对输入图像进行精心设计的微小修改，攻击者可能导致模型作出错误的预测。

6. 解释性和可解释性

深度学习模型通常被认为是“黑盒子”，因为它们的内部工作方式很难解释。这可能会导致用户对模型预测的信任度降低，尤其是在安全性、隐私和道德方面存在问题的情况下。

7. 算法偏见

如果训练数据存在偏见，计算机视觉模型可能会学到这些偏见，并在预测中反映出来。这可能导致不公平的结果和歧视性的行为。

2.8.2　计算机视觉的未来发展

计算机视觉的未来发展前景广阔，有许多研究方向和应用领域值得关注。以下是一些可能的未来发展趋势。

1. 无监督学习和半监督学习

为了减少对大量标注数据的依赖，研究人员正在尝试开发无监督学习和半监督学习方法。这些方法可以从未标注的数据中学习有用的表示，从而提升模型的泛化能力和鲁棒性。

2. 小样本学习和元学习

受到人类学习能力的启发，小样本学习和元学习方法试图让模型在很少的示例数据下学会新任务。这些方法将有助于提升模型在新颖场景中的性能。

3. 强化学习在计算机视觉中的应用

强化学习已经在游戏和机器人领域取得了显著的成功。将来，强化学习可能会与计算机视觉结合，以实现更高级别的视觉任务，如视觉导航、智能监控等。

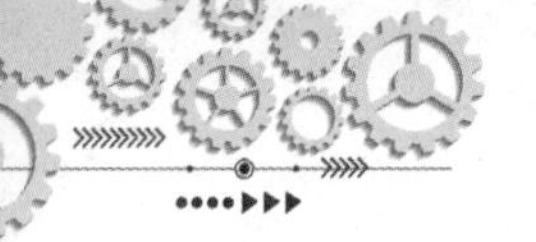

4. 可解释性和透明度

随着计算机视觉模型在各种敏感领域的应用越来越广泛，提高模型的可解释性和透明度变得越来越重要。未来的研究可能会专注于开发新方法来解释和理解模型的内部工作原理。

5. 算法偏见和公平性

为了解决算法偏见问题，研究人员将继续关注如何训练公平、无歧视的计算机视觉模型。这可能包括开发新的数据集、优化算法和评估指标等。

6. 轻量化和高效的模型

为了让计算机视觉模型在嵌入式设备和低资源环境中运行，未来的研究可能会集中在开发轻量化和高效的模型，同时保持良好的性能。

7. 跨模态学习

计算机视觉模型可能会与其他模态（如语音、文本和触觉等）相结合，实现更丰富的场景理解和任务执行能力。

8. 增强现实和虚拟现实

计算机视觉技术将在增强现实和虚拟现实（VR）领域发挥重要作用，为用户提供更自然、沉浸式的体验。

一、单选题

1. 在计算机视觉中，以下哪个任务主要关注识别图像中的一个或多个物体的类别？（　　）

A. 图像分类　　B. 目标检测　　C. 图像分割　　D. 目标跟踪

2. 下列哪种类型的神经网络在计算机视觉任务中最常用？（　　）

A. 循环神经网络　　B. 卷积神经网络

C. 多层感知器　　D. 生成对抗网络

3. 在图像处理中，以下哪种方法可以用来减少图像噪声？（　　）

A. 图像锐化　　B. 图像二值化　　C. 图像滤波　　D. 形态学操作

4. 在计算机视觉中，以下哪个选项描述了非极大值抑制的作用？（　　）

A. 增强图像的边缘　　B. 提取图像的关键点

C. 消除冗余的边界框　　D. 识别图像的轮廓

5. 以下哪个卷积神经网络架构在 2012 年的 ImageNet 竞赛中大放异彩，开启了深度学习在计算机视觉领域的繁荣？（　　）

A. LeNet-5　　B. VGGNet　　C. ResNet　　D. AlexNet

二、多选题

1. 计算机视觉中的主要任务包括哪些？（　　）

A. 图像分类　B. 目标检测　C. 图像分割
D. 目标跟踪　E. 图像合成

2. 在计算机视觉中，下列哪些图像特征提取方法是尺度不变的？（　　）

A. SIFT　B. SURF　C. HOG　D. LBP

3. 在计算机视觉领域，以下哪些深度学习模型被广泛用于目标检测任务？（　　）

A. Faster R-CNN　B. YOLO　C. SSD　D. U-Net

4. 图像增强技术包括哪些方法？（　　）

A. 直方图均衡化　B. 伽马校正　C. 图像锐化　D. 图像滤波

5. 在计算机视觉中，以下哪些方法可以用来提高模型的鲁棒性？（　　）

A. 数据增强　B. 模型集成　C. 迁移学习　D. 权重正则化

三、简答题

1. 简述卷积神经网络的基本结构及其在计算机视觉中的作用。

2. 解释图像分割任务中的语义分割和实例分割的区别，并举例说明。

3. 简述目标检测任务中两阶段方法（如Faster R-CNN）与单阶段方法（如YOLO、SSD）的主要区别及各自的优缺点。

4. 什么是特征描述？简要介绍其在计算机视觉中的应用场景。

5. 简述深度学习在计算机视觉中的优势和局限性。

第3章 语音智能

导读

本章主要讲述语音识别、语音合成、自然语言理解、对话管理等技术，使机器能够理解并响应人类的语言指令和交互，帮助人们更加高效、自然地与计算机进行交互和协作。该技术已广泛应用于智能音箱、语音助手、智能客服等领域，对提高用户的生活和工作效率起到了巨大的作用，通过本章的学习希望能提高你的工作、学习效率，娱乐你紧张的学习生活。

学习目标

1. 掌握语音智能的基本概念。
2. 知道语音智能的发展历史，了解语音智能的基本框架。
3. 掌握语音识别模型，能够编程实现语音转文本，了解语音识别的应用。
4. 了解语音合成的发展历史，掌握语音合成技术框架，能够编程实现文本转语音。
5. 熟悉语音智能应用。

1. 语音识别模型，用代码实现语音转文本。
2. 语音合成模型，用代码实现文本转语音。

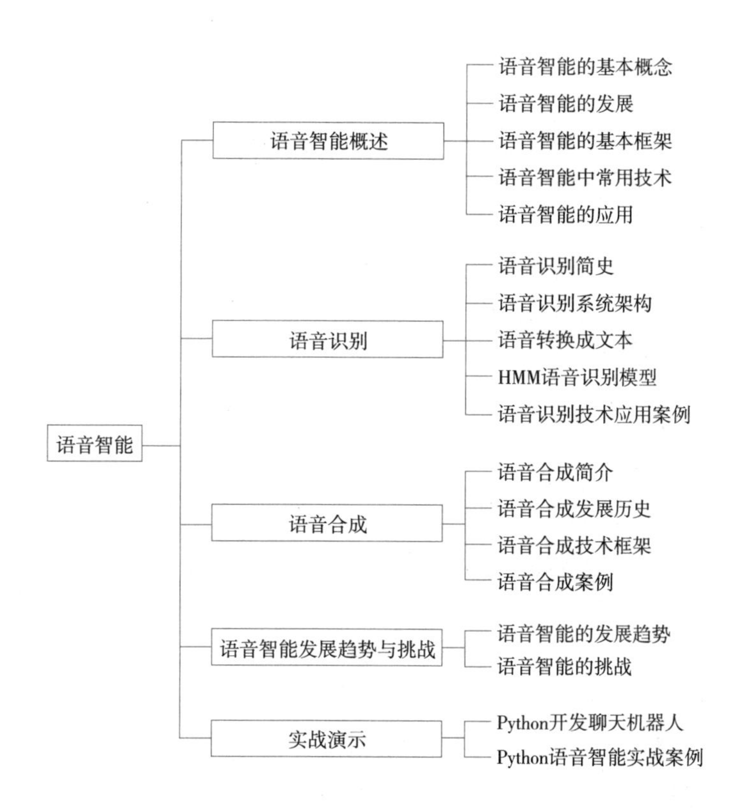

3.1 语音智能概述

Siri 是苹果公司在产品应用上的一个语音助手。国内外很多朋友都在网上晒出了 Siri 的对话截图。同学们是不是很想知道 Siri 是如何工作的？

又如智能家居系统。用户可以通过说话的方式来操控家庭设备，如控制灯光、温度、音响等。这种语音交互的方式让用户更加方便地操作家居设备，同时也提升了生活的智能化和舒适度。那么智能家居系统又是如何工作的？

3.1.1 语音智能的基本概念

机器学习的快速发展，为语音智能（speech intelligence）奠定了坚实的理论基础和技术基础。语音智能的主要特点是从大量的语音数据中学习和发现规律，可以有效解决经典语音处理难以解决的非线性问题，从而显著提升传统语音应用的性能，也为语音新应用提供性能更好的解决方案。本小节将介绍语音智能的基本概念。

为简化处理，经典的语音处理方法一般都建立在线性平稳系统的理论基础之上，这是以短时语音具有相对平稳性为前提条件的。但是，严格来讲，语音信号是一种典型的非线性、非平稳随机过程，这就使采用经典的处理方法难以进一步提升语音处理系统的性能，如提高语音识别系统的识别率等。

随着机器学习等人工智能技术的不断发展，以人工智能语音交互为代表的语音新应用迫切要求发展新的语音智能技术与手段，以提高语音系统的性能水平。近年来，人工智能技术正以前所未有的速度发展，机器学习领域不断涌现的新技术、新算法，特别是新型神经网络和深度学习技术等极大地推动了语音智能的发展，为语音处理的研究提供了新的方法和技术手段，语音智能应运而生。

迄今为止，语音智能还没有一个精确的定义。广义上的语音智能包括了语音识别、语义理解、对话管理和自然语言生成等多个领域。它不仅仅是将语音转换为文本或命令，还能够深入理解语音背后的含义，并进行适当的回应和交互。广义上的语音智能可以应用于语音助手、智能客服、智能家居等多个领域，提供更自然、智能化的用户体验。狭义上的语音智能主要指语音识别和语音合成（speech synthesis）两个方面。语音识别是将人类的语音输入转换为文本或命令的过程，而语音合成则是将文本转换为自然流畅的语音输出。狭义上的语音智能广泛应用于语音助手、语音导航、语音广播等领域，为用户提供便捷的语音交互方式。

语音智能指的是使用人工智能技术对语音信号进行分析和理解，最终将其转换成计算机可以处理的信息形式，以便进行进一步的处理和应用。它的基本概念包括以下几方面。

（1）语音识别：是将人的语音转换为文本的技术，也是语音智能的核心技术之一。它通过信号处理、声学模型、语言模型等一系列算法，将语音转化为计算机可识别的文本信息。语音识别技术已经广泛应用于人机交互、智能客服、智能家居等领域。

（2）语音合成：是将计算机生成的文本信息转换为语音信号的技术。它通过将文本信息转换为音频信号，生成与人类声音相似的语音输出。

（3）语音情感识别：是通过分析人的语音信号中蕴含的情感特征，以及语音中的声调、语速、语气等因素，来判断说话者的情感状态，如高兴、悲伤、愤怒等。

（4）语音指令识别：是通过语音识别技术将用户的语音指令转换成计算机能够识别的命令，以便计算机完成相应的操作。例如，智能音箱可以通过语音指令来播放音乐、查询天气、控制家居等。

语音智能技术的发展离不开人工智能、计算机科学、信号处理、语音学等多个领域的交叉融合，也离不开硬件语音智能产品的支持和推动。近年来，随着硬件技术的进步和大数据、云计算等技术的应用，语音智能逐渐走进我们的生活和工作，为人们带来更加便捷和智能的体验。

3.1.2　语音智能的发展

语音智能起源于对发声器官的模拟。1939 年，美国人荷尔・杜德利（Homer Dudley）展出了一个简单的发声过程模拟系统，该模拟系统随后逐渐发展成为声道的数字模型。利用该模型可以对语音信号进行各种频谱及参数的分析，同时也可根据分析得到的频谱特征或参数变化规律合成语音信号，实现机器的语音合成。20 世纪 80 年代以前，线性预测编码技术是语音信号处理研究领域最重要的研究成果；80 年代以后，分析合成技术、矢量量化技术、隐马尔可夫模型（Hidden Markov Model，HMM）等极大地推动了语音编码、语音识别技术发展；90 年代以后，神经网络、小波分析、分形及混沌等新技术在语音处理领域的应用将语音信号处理的研究提高到了一个新的水平。

1. 语音智能的发展历史简要归纳

语音智能技术可追溯到 20 世纪 50 年代。从萌芽阶段开始，经过突破、产业化和快速应用几个阶段的演化，如今已经出现了许多具有高度智能化水平的语音智能系统。

在早期，语音识别系统只能支持单个说话者和十几个单词的识别，如 1952 年，三个贝尔实验室的研究人员开发了一个叫作 Audrey 的系统用来识别数字，但只能识别固定的某个人说的数字。1984 年，计算机第一次“开口说话”，IBM 发布的语音识别系统在 5 000 个词汇量级上达到了 95%的识别率，这标志着语音识别技术从萌芽阶段进入突破阶段。

1988 年，世界上首个非特定人大词汇量连续语音识别系统 SPHINX 诞生，标志着语音识别技术的快速发展。

1997 年，语音听写产品问世。1998 年，可识别上海话、广东话和四川话等地方口音的语音识别系统被成功开发。2002 年，美国首先启动全球自主语言开发项目。2009 年，微软 Win 7 集成语音功能。这些都是语音技术产业化阶段的标志性事件。

2011 年，苹果个人手机助理 Siri 诞生，这标志着语音智能技术进入快速应用阶段。2015 年，首个可智能打断纠正的语音技术问世。2017 年，语音智能系统集中扩展深度学习应用技术取得突破性进展，为语音智能技术带来了更加广阔的应用前景。

由于语音的特殊作用，人们历来十分重视对语音信号和语音通信的研究。人类社会的进步对语音通信提出了更高的要求，需要更高的语音质量和更低的数码率，从而推动了

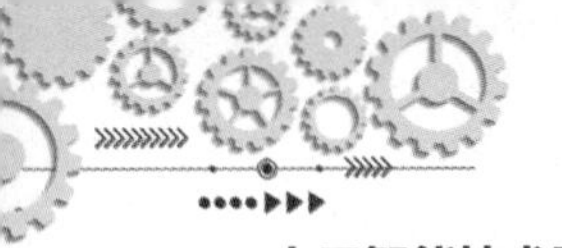

语音编码技术的发展。自动控制和计算机科学的发展又要求用语音实现人与机器的信息交互，要求机器听懂人说话、辨别说话人是谁，甚至模仿人说话，这又推动了对语音识别和语音合成技术的研究，使语音处理技术得到迅速发展。语音编码、语音识别、说话人识别、语音合成等技术的基础都是对语音信号特征的认识，都要利用数字信号处理的基本技术来分析和处理语音信号，而更深层次的发展涉及人的发音和听觉机理，与生理学、语言学甚至心理学有关。

2. 语音智能的发展方向

尽管语音智能已经经历了几十年的发展，并已取得许多成果，但语音智能的研究仍然蕴含着巨大的潜力，还面临着许多理论和方法上的实际问题。例如，在语音编码技术方面，能否在极低速率或甚低速率下取得满意的语音质量？在语音增强技术方面，能否在极其恶劣的背景下获取干净的语音信号？在语音识别技术方面，能否进一步提升自然交流条件下的识别性能？在人机语音交互方面，能否进一步提升机器通过语音交流理解语义的能力？这些都是语音智能未来发展的方向。

3.1.3 语音智能的基本框架

语音智能的基本框架主要包括以下几个方面。

（1）信号采集：采集声音信号，通常使用麦克风作为采集设备。

（2）预处理：对采集到的语音数据进行噪声抑制、滤波和降采样等处理，去除不必要的信息和干扰，提高后续处理效率和准确性。

（3）特征提取：从预处理后的语音信号中提取重要特征，如倒谱系数、梅尔频率倒谱系数（Mel Frequency Cepstral Coefficients，MFCC）等，用于分析和识别语音。

（4）模型训练：使用机器学习或深度学习方法生成语音模型，并使用标注好的语音数据进行训练。其中，常用的模型有隐马尔可夫模型和深度神经网络等。

（5）语音识别：将待识别的语音片段与语音模型匹配，识别出对应的文本内容。

（6）语义理解：对语音识别结果进行分析和处理，完成意图识别、命名实体识别等自然语言处理任务，进一步理解和转化成人类可读的上层信息。

（7）输出反馈：根据语音智能应用场景的不同，输出相应的反馈结果，如文字、声音等。

上述七个模块之间需要通过协议进行通信，形成完整的语音智能系统，用于为用户提供便利和服务。图 3-1 为语音智能基本框架。

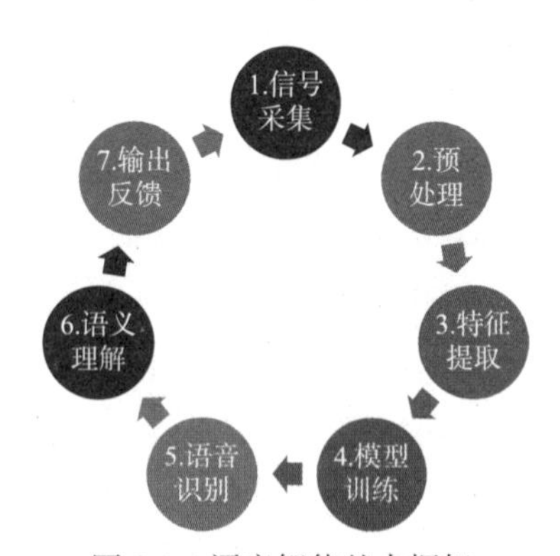

图 3-1 语音智能基本框架

其中，信号采集模块负责采集用户的语音，可以是麦克风捕捉、语音文件输入等；语音识别模块将语音转换成文本；语义理解模块则对文本进行分析和理解，得出对应的意图和语义信息，以便后续的处理和回复。整个过程中也可以由其他模块辅助实现，如情感分析、自然语言生成（natural language generation，NLG）等。

在语音智能中，语音信号的产生是一个非常复杂的非线性过程，经典处理方法难以完美地进行处理，主要存在以下不足。

1. 模型表示不够精准

传统的“声源 - 滤波器”模型对人类的发声系统进行了建模，可以较好地表征语音信号，但当实际系统中的语音信号受到外界噪声干扰时，基于“声源 - 滤波器”模型则难以准确刻画声音的变化细节。听觉模型的引入和听觉场景分析的研究，为更充分地提取特征参数奠定了基础，在语音识别、情感分析等应用中得到了较好的应用，但目前的特征表示尚不够理想，如何利用语音时频结构来构建与各种语音信息的良好映射关系还需要进一步研究。

2. 多源信息难以分离

关于人类感知语音的研究表明，人脑对语音中的语义、说话人、情感等多源信息具有可分性，因此人脑可以从混杂的语音信号中轻易提取出感兴趣的成分。但人的大脑对听觉信息的获取都建立在共同的听觉神经单元上，对语音中的内容、说话人信息等各种信息的处理模型具有相似性。而经典的各种语音处理系统中，对不同的应用采用了不同的模型和处理方法，使得语音处理的功能比较单一，通用性较差。

“声源 - 滤波器”模型虽然能够有效地区分声源激励和声道滤波器，对它们进行高效的估计，但语音产生时发声器官存在着协同动作，存在紧耦合关系，采用简单的线性模型无法准确描述语音的细节特征。同时语音是一种富含信息的信号载体，它承载了语义、说话人、情绪、语种、方言等诸多信息，分离、感知这些信息需要对语音进行十分精细的分析，对这些信息的判别也不再是简单的规则描述，单纯对发声机理、信号的简单特征采用人工手段去分析并不现实。

类似于人类语言学习的思路，采用机器学习手段，让机器“聆听”大量的语音数据，并从语音数据中学习规律，是有效提升语音信息处理性能的主要手段。与经典语音处理方法仅限于通过提取人为设定特征参数进行处理不同，语音智能最重要的特点就是在语音处理过程或算法中体现从数据中学习规律的思想。图 3-2 为语音智能的三种基本框架，图中虚线框部分有别于经典处理方法，包含了从数据中学习的思想。其中，图 3-2（a）是在经典语音处理特征提取的基础上，在特征映射部分融入智能处理，是机器学习的典型框架；图 3-2（b）

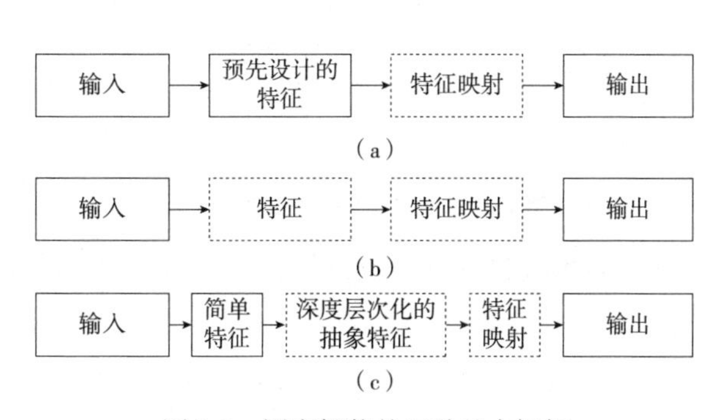

图 3-2　语音智能的三种基本框架

（a）机器学习的典型框架；（b）表示学习的基本框架；（c）深度学习的典型框架

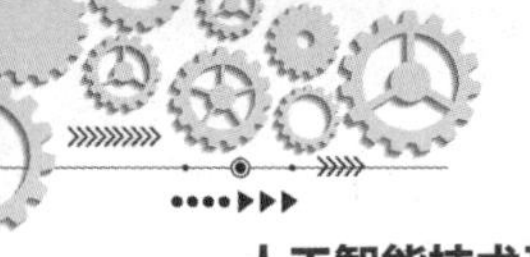

是表示学习的基本框架；图 3-2（c）是深度学习的典型框架，“深度层次化的抽象特征”是通过分层的深度神经网络结构来实现的。

3.1.4 语音智能中常用技术

语音智能是智能信息处理的一个重要研究领域，智能信息处理涉及的模型、方法、技术均可应用于语音智能。语音智能的基本模型和技术主要来源于人工智能，机器学习作为人工智能的重要领域，是目前语音智能中最常用的手段，而机器学习中的表示学习和深度学习则是语音智能中目前最为成功的智能处理技术。下面列出了近年来在语音智能中常见的技术。

1. 稀疏与压缩感知

一个事物的表示形式决定了认知该事物的难度。在信息处理中，具有稀疏特性的信号表示更易于被感知和辨别；反之，则难以辨别。因此，寻找信号的稀疏表示是高效解决信息处理问题的一个重要手段。利用冗余字典，可以学习信号自身的特点，构造信号的稀疏表示，并进一步降低采样和处理的难度。这种字典学习方法为信息处理提供了新的视角。对语音信号采用字典学习，构造语音的稀疏表示，为语音编码、语音分离等应用提供了新的研究思路。

2. 隐变量模型

语音的所有信息都包含在语音波形中，隐变量模型假设这些信息是隐含在观测信号之后的隐变量。通过利用高斯建模、隐马尔可夫建模等方法，隐变量模型建立了隐变量和观测变量之间的数学描述，并给出了从观测变量学习各模型参数的方法。通过参数学习，可以将隐变量的变化规律挖掘出来，从而得到各种需要的隐含信息。隐变量模型大大提升了语音识别、说话人识别等应用的性能，在很长一段时间内都是语音智能的主流手段。

3. 组合模型

组合模型认为语音是多种信息的组合，这些信息可以采用线性叠加、相乘、卷积等不同方式组合在一起。具体的组合方式中需要采用一系列模型参数，这些模型参数可以通过学习方式从大量语音数据中学得。这类模型的提出，有效改善了语音分离、语音增强等应用的性能。

4. 人工神经网络与深度学习

人类面临大量感知数据时，总能以一种灵巧的方式获取值得注意的重要信息。模仿人脑高效、准确地表示信息一直是人工智能领域的核心挑战。人工神经网络通过神经元连接成网的方式，模拟了哺乳类动物大脑皮层的神经通路。和生物的神经系统一样，ANN 通过对环境输入的感知和学习，可以不断优化性能。随着 ANN 的结构越来越复杂、层数越来越多，网络的表示能力也越来越强，基于 ANN 进行深度学习成为 ANN 研究的主流，其性能相对于很多传统的机器学习方法有较大幅度的提升。但同时，深度学习对输入数据的要求也越来越高，通常需要海量数据的支撑。ANN 很早就被应用到语音领域，但由于早期受到计算资源的限制，神经网络层数较少，语音应用性能难以提升，直到近年来深度神经网络的计算资源、学习方法有了突破之后，基于神经网络的语音智能性能才有了显著的提升。深度神经网络可以学到语音信号中各种信息间的非线性关系，解决了传统语音处理方法难以解决的问题，已经成为当前语音智能的重要技术手段。

3.1.5 语音智能的应用

语音智能的应用非常广泛，最基本的应用就是语音的数字传输，即将语音进行数字化后在数字通信系统中进行传输，以实现数字语音通信。图 3-3 为语音智能典型的应用领域。语音处理的传统应用领域主要包括语音压缩编码、语音识别、说话人识别、语音合成、语音增强、语音理解、语音转换、骨导语音增强和语音情感分析等。下面简要介绍这些应用。

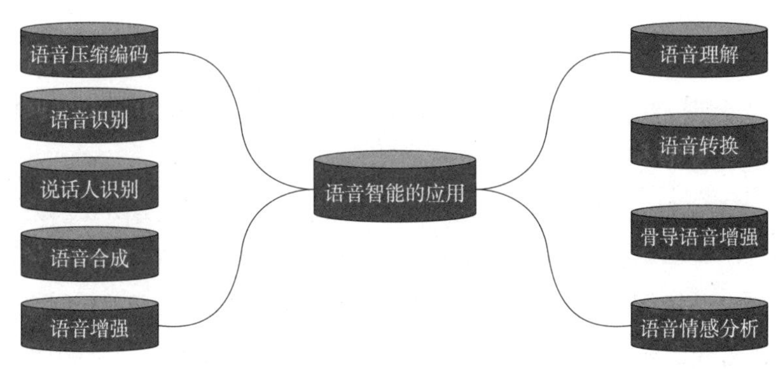

图 3-3　语音智能典型的应用领域

1. 语音压缩编码

语音压缩编码是指将语音信号数字化的过程中，通过一系列算法对其进行压缩和编码，以缩小存储空间、降低传输成本的技术。其中，压缩主要是通过删除冗余信息、限制采样率等方式实现，而编码则是将压缩后的语音信号转换成数字形式以便存储和传输。语音压缩编码的目的是实现语音信号数字化，是语音智能最重要的一种应用，可简称为语音编码或语音压缩。语音编码的目标是用尽可能低的比特率来获得尽可能高的合成语音质量，即在保证一定的编码语音质量的前提下高效率地进行压缩编码，或者在给定编码速率的前提下尽可能地提高编码后的合成语音质量。语音编码的主要应用包括数字语音通信、数字语音存储、语音应答等。

虽然光纤通信和微波通信等系统可以提供很宽的频带，但在很多情况下仍然需要压缩语音编码速率以节省频带。压缩编码后，一方面，可以在有限带宽的信道上传输多路语音，提高信道的利用率；另一方面，可以在窄带的模拟信道（如短波或卫星）上传输数字语音。通常来说，语音编码需要在保持语音的音质、降低编码速率、减少编码时延和降低算法的运算复杂度等方面进行综合考虑和折中。

语音编码通常有两种实现方式：波形编码和参数编码。波形编码以波形逼近为原则，尽可能低失真地重构语音波形。波形编码方式可以合成质量很高的语音，但压缩效率不高。参数编码的出发点与波形编码不同，它以语音信号模型为基础，以尽可能保持语音的可懂度为原则，通过对语音信号的模型参数进行量化编码来实现。参数编码由于模型参数编码数据量较小，因此其压缩效率很高，但语音质量不如波形编码。综合波形编码和参数编码两者的优点，采用混合编码方式可以在编码效率和语音质量两方面获得较好的折中。

根据语音采样频率，语音编码可以分为窄带（电话带宽 300 ~ 3 400 Hz）语音编码、宽带（7 kHz）语音编码和 20 kHz 的音乐带宽编码。窄带语音编码的采样频率通常为 8 kHz，一般应用于语音通信中；宽带语音编码的采样频率通常为 16 kHz，一般用于要求更高音质的应用中，如会议电视；而 20 kHz 带宽主要适用于音乐数字化，采样频率高达 44.1 kHz。窄带语音编码是最重要的一类语音编码方式，在数字通信领域具有重要的应用价值，研究最深入，研究成果也最多。

经过几十年的研究，窄带语音编码技术迅速发展。自 20 世纪 70 年代推出 64 kbit/s PCM（脉冲编码调制）语音编码国际标准以来，已相继有 32 kbit/s ADPCM（自适应差分脉冲编码调制）、16 kbit/s LD-CELP（低时延码激励线性预测）、8 kbit/s CS-ACELP（算术码激励线性预测）等国际标准推出。地区性或行业性的标准也有不少，如用于移动通信系统中的语音编码，美国国防部制定的军用 4.8 kbit/s CELP（码激励线性预测）和 2.4 kbit/s MELP（混合激励线性预测）语音编码标准等，目前编码速率在 2.4 kbit/s 以上时，所合成的语音质量已得到认可，并已广泛应用。实现窄带语音编码（特别是中低速率）的设备通常被称为声码器（Vocoder），在需要加密传输数字语音的应用场合，声码器具有不可替代的作用。

2. 语音识别

语音识别的作用是将语音转换成相应的文字或符号等书面信息，也就是让计算机听懂人说话。语音识别可以有许多分类方法。例如，根据语音识别对象，其可以分为孤立词识别、连续语音识别等；根据词汇量，其可以分为小词汇量（100 个词以下）语音识别、中词汇量（100~500 个词）语音识别、大词汇量（500 个词以上）语音识别以及连续语音识别等；根据对说话人的要求，其可以分为特定说话人（speaker dependent）语音识别、多说话人语音识别和非特定说话人（speaker independent）语音识别等。语音识别是语音处理研究领域的重点和难点技术。

虽然从原理上看，实现语音识别并不困难，但在实际实现时会遇到很多困难。例如，发音的多变性，如不同人发同一个音、同一个人在不同的条件下发同一个音等，会导致不同的发音参数；发音的模糊性，在实际的连续语音流中，语音声学变量与音素（phoneme）变量之间不存在一一对应关系；语音流中变化多端的音变现象，这些音变对人类的听觉系统来说很容易辨认，但机器识别起来却很不容易；语音环境的变化与恶化，会使语音识别算法难以自适应跟踪。

语音识别的应用很广，如语音录入、语音翻译、声音控制、机器人语音交互等，将语音识别与语音合成结合起来还可以实现极低比特率的语音通信。

近年来，随着机器学习技术在语音识别中的应用，语音识别系统已在多种场合得到成功应用。目前研究的重点是进一步提高语音识别系统的环境适应性，提升机器人人机交互、实时语音翻译等场合中语音识别的性能。

3. 说话人识别

说话人识别是根据语音辨别说话人，有时也被称为“声纹识别”。说话人识别并不关注语音信号中的语义内容，而是希望从语音信号中提取出说话人的个性特征，即根据语音判别说话人是谁。语音信号既包含说话人的语言信息，同时包含说话人本身的特征信息。每个人的发音器官都有自己的特征，说话时也都有自己的特殊语言习惯。在分析语音信号时，可以提取说话人的个性特征，进而识别说话人是谁。在进行语音识别时，要消除说话人的个性特征，以免影响识别的准确率；而在研究说话人识别时，则要专门研究说话人的个性特征，从语音信号中分析和提取个性特征，去除不含个性特征的语音信息。

说话人识别通常可分为说话人确认和说话人辨认两种类型。说话人确认是确认说话人的身份，说话人说一句或几句测试语句，算法从测试语句中提取说话人的特征参数，并与存储的特定语音的参数进行比较，最后给出是与否的判断。说话人辨认是要辨认待识别的说话人来自若干人中的哪一位，要对待识语音与每个说话人的语音个性特征进行比较，找出距离最近的语音所对应的说话人。从语音信号处理的角度来看，两者基本上是相同的，都需要确定选用的参数和计算距离的准则。说话人确认需要确定“是与否”的门限，说话人辨认需要与待识语音比较它们各自的距离。比较的方法与识别语音的方法类似。参数的选择原则，一是反映说话人的个性，二是兼顾识别率和复杂程度。比较简单的特征参数是基音和能量，也可以用 LPC（线性预测系数）参数、共振峰、MFCC 参数等，也有用语谱图来识别的，称为“声纹”。

提高说话人识别准确率受制于很多因素。语音是动态变化的，与说话人所处的环境、说话时的情绪和身体状况关系很大。一个人在不同时间、不同情况下说同一句话，差异不一定比不同人小，不像“指纹”是静态的、绝对的。还有一些识别难度更大，但更有实际价值的领域，如：①用通过电话信道的语音进行“说话人识别”，由于电话频带窄、有失真、噪声大，不同信道条件各异，识别十分困难，但这方面的研究具有重要的实际价值；

②在“辨认”说话人时，语句往往不能规定，在没有指定语句条件下的识别也较困难。必须有更多的样本用作训练和测试，以降低误识率。这类无指定测试语句的说话人识别称为“与文本无关”的说话人识别，而在有指定语句条件下进行的识别则称为“与文本有关”的说话人识别。

4. 语音合成

语音合成的目的是将存储在计算机中的文字或符号变成声音，即让计算机说话。语音合成是语音识别的逆过程。

最简单的语音合成应当是语音响应系统，其实现技术比较简单。在计算机内建立一个语音库，将可能用到的单字、词组或一些句子的声音信号编码后存入计算机，当输入所需要的单字、词组或句子代码时，就能调出对应的数码信号，并转换成声音。

规则的文字 - 语音合成系统是将文字转换成语音，让计算机模仿人来朗读文本。系统具有以下作用：有一个存储基本语音单元的音库；当用各种方式输入文字信息时，计算机能将文字内容按照语言规则，转换成由基本声音单元（简称“音元”）组成的序列；按说话时音元连接的规则控制音元序列，输出连续自然的声音。这种系统也称为“文本 - 语音转换”（TTS）系统。建立音库时对语音单元的选择是一个很重要的问题。因为一种语言的音素通常只有几十个，采用音素作为音元可以降低存储容量，但用音素合成语音非常复杂，而且自然度较差。一般认为，汉语中采用音节作为音元比较合适，因为汉语中一个音节就是一个字的音，汉语中只有 412 个无调音节，形成音库比较适中。也可以用单字和词组作为音元，但一个字不能只存一种发音，因为汉语中有多音字，字的发音与上下文有关，只有存储与上下文关联的几种发音，使用时按上下文关系调用，合成的语音才能比较自然，这就要求有很大的存储容量。系统中的“规则”有两层含义：一是文字变语言，如“。”要置换成“句号”；二是要按照复杂的语音规则和上下文的关系决定音调、语气、重音、音长、停顿、过渡等，组成发音控制参数序列。

要使 TTS 系统合成高质量的语音，不仅要掌握语音信号的数字处理技术，而且要有语言学知识的支撑。更高层次的合成是“按概念或意向到语音的合成”。要将“想法、意向”组成语言并变成声音，就如大脑形成说话内容并控制发声器官产生声音一样。

5. 语音增强

在实际的应用环境中，语音都会不同程度地受到环境噪声的干扰。语音增强就是对带噪语音进行处理，以减小噪声对语音的影响，改善听觉效果。有些语音编码和语音识别系统在无噪声或噪声很小的环境中性能很好，但当环境噪声增大或变化时，性能可能急剧下降。因此，尽可能降低噪声影响，改善听觉效果，是语音编码和语音识别等系统必须解决的问题。

实际语音遇到的噪声干扰可能有以下几类：①周期性噪声，如电气干扰、发动机旋转引起的干扰等，这类干扰在频域上表现为一些离散的窄峰；②脉冲噪声，如电火花、放电产生的噪声干扰，这类干扰在时域上表现为突然出现的窄脉冲；③宽带噪声，这是指高斯噪声或白噪声一类的噪声，其特点是频带宽，几乎覆盖整个语音频带；④语音干扰，如话筒中同时进入多个人的声音，或者在传输时遇到串音引起的语音噪声。

对于上述不同类型的噪声，采用的语音增强的方法也是不同的。例如，周期性噪声可以用滤波的方法滤除。脉冲噪声可以通过相邻的样本值，采取内插方法去除，或者利用非线性滤波器滤除。宽带噪声是一种难以滤除的干扰，因为它与语音具有相同的频带，在消除噪声的同时将不可避免地影响语音的质量，典型的方法有谱减法、自相关相减法、最大似然估计法、自适应抵消法等。语音干扰也是很难消除的，一般可以采用以自适应技术来跟踪某个说话人特征的方法进行消除。

语音增强仍然是目前语音处理领域的研究重点，融合传统和智能处理技术的语音增强算法也在持续研究中。

除了传统的应用领域之外，语音理解、语音转换、骨导语音增强、语音情感分析等语音处理新应用领域也越来越受到人们的广泛关注。

6. 语音理解

语音理解是利用知识表达和组织等人工智能技术进行语句自动识别和语义理解，即让计算机理解人所说的话的含义，是实现人机交互的关键。

语音理解与语音识别的主要区别是对语法和语义知识的充分利用程度。由于人们已经掌握了很多语音知识，对要说的话能有一定的预见性，因此人对语音具有感知分析的能力。语音理解研究的核心是依靠人对语言和谈论的内容所具有的广泛知识，利用知识提升计算机理解语言的能力。

利用知识提升计算机理解能力，不仅可以排除噪声的影响，理解上下文的意思并用它来纠正错误，澄清不确定的语义，而且能够处理不符合语法或意思不完整的语句。一个语音理解系统除了包括原语音识别所要求的部分之外，还必须增加知识处理部分。知识处理包括知识的自动收集、知识库的形成、知识的推理与检验等。当然，还希望能自动地进行知识修正。因此，语音理解可被看作信号处理与知识处理的产物。语音知识包括音位知识、音变知识、韵律知识、词法知识、句法知识、语义知识以及语用知识。这些知识涉及语音学、汉语语法、自然语言理解（natural language understanding，NLU）以及知识搜索等交叉学科。

实现完善的语音理解是非常困难的，然而面向特定任务的语音理解是可以实现的，例如，飞机票预售系统，银行业务、旅馆业务的登记及询问系统等。

7. 语音转换

语音转换的目标是把一个人的声音转换为另一个人的声音。人们把改变语音中说话人个性特征的语音处理技术统称为语音转换，语音转换可分为非特定人语音转换和特定人语音转换两大类。非特定人语音转换是通过技术处理，使转换后的语音不再像原说话人的声音；而在实际研究和应用中，语音转换通常是指特定人语音转换，即改变一个说话人（源说话人）的语音个性特征（如频谱、韵律等），使之具有另外一个特定说话人（目标说话人）的个性特征，同时保持语义信息不变。一般来说，特定人语音转换的技术难度要高于非特定人语音转换。

研究表明，语音中的声道谱信息、共振峰频率和基音频率等参数是表征语音个性特征的主要因素。通常一个完整的语音转换方案由反映声源特性的韵律转换和反映声道特性的频谱（或声道谱）转换两部分组成。韵律转换主要包括基音周期的转换、时长的转换和能量的转换，而声道谱转换则包括共振峰频率、共振峰带宽、频谱倾斜等转换。声道谱包含更多的声音个性特征，且转换建模相对复杂，是影响语音转换效果的主要原因。因此，目前的语音转换研究主要集中在声道谱转换上。

语音转换系统通常包含训练和转换两个阶段。在训练阶段，首先对源说话人和目标说话人的语音进行分析和特征提取，然后对提取特征进行映射处理，并对这些映射特征进行模型训练，进而得到转换模型；在转换阶段，对待转换源语音进行分析、特征提取和映射，然后用训练阶段得到的转换模型对映射特征进行转换，最后将转换后的特征用于语音合成，得到转换语音。

语音转换研究的相关工作可追溯到 20 世纪 70 年代，至今已经有 50 多年的时间，但真正受到学术界和产业界广泛关注则是近 10 多年的事情。近年来，语音信号处理和机器学习等技术的进步以及大数据获取能力和大规模计算性能的提升有力地推动了语音转换技术的研究及发展。特别是基于人工神经网络的语音转换方法的兴起，使转换语音的质量得到进一步提升。

8. 骨导语音增强

骨导语音增强是一种改善骨导麦克风所拾取的语音质量的技术。骨导麦克风是一种非声传感器设备，人说话时声带振动会传递到喉头和头骨等部位，骨导麦克风通过采集这种振动信号并转换为电信号来获得语音（骨导语音）。与传统的空气传导麦克风语音（气导语音）不同，背景噪声很难对这类非声传感器产生影响，骨导语音从声源处就屏蔽了噪声，因此非常适用于强噪声环境下的语音通信，可广泛应用于军事、消防、特勤、矿山开采、公共交通、紧急救援等领域。

虽然骨导麦克风具有很强的抗噪性能，但由于人体传导的低通性能以及传感器设备工艺水平的限制等，骨导语音听起来比较沉闷、不够清晰，骨导语音增强的目的就是对骨导语音进行处理以提高其语音质量。

与气导语音相比，骨导语音存在高频衰减严重、辅音音节损失、中低频谐波能量改变等特征差异，其中以高频成分衰减严重最为突出。针对这个问题，传统的骨导语音增强方法主要有无监督频谱扩展法和均衡法等。目前，大多数的骨导语音盲增强基于谱包络转换法。

基于谱包络转换法的骨导语音增强通常包括训练阶段和增强阶段。在训练阶段，对骨导语音与气导语音数据进行分析合成模型，提取出语音的谱包络特征，通过训练构建骨导语音到气导语音的谱包络特征的转换模型；在增强阶段，首先提取待增强语音的激励特征和谱包络特征，然后可利用已经训练好的模型从骨导语音谱包络特征中估计出类气导语音谱包络特征，由于骨导语音与气导语音的激励信号近似相同，可直接将骨导语音激励信号作为估计的类气导语音激励信号，最后根据估计出的谱包络和骨导语音原始的激励特征合成增强的语音。

9. 语音情感分析

语音情感分析就是根据语音中蕴含的情感特征来判断说话人说话时的情绪。人在说话时，除了表达语义信息外，通常还会融入一定的情感信息。例如，说同样一句话，如果说话人表现的情感不同，在听者的感知上就可能有较大的差别，甚至会产生完全相反的感受。因此，语音情感分析成为语音处理中一个十分重要的研究分支。

情感分类是实现语音情感分析的前提，不同学者提出不同的分类方法，而最基本的情感分类是基于喜、怒、惊、悲的四情感模型。

语音情感分析通常基于语音情感特征提取和情感分类模型来实现。

语音之所以能够表达不同的情感，是因为语音中包含了能反映情感特征的参数。情感的变化通过特征参数的差异来体现。因此，从语音中提取反映情感的特征参数是实现语音情感分析的重要步骤。一般来说，语音信号中的情感特征往往通过语音韵律的变化表现出来。研究表明，可以从时间构造、振幅构造、基频构造、共振峰构造等方面来研究语音情感特征的变化，进而提取反映语音情感的特征参数。例如，当说话人处于不同情感状态时，说话的语速、音量、音调等都会发生变化。愤怒状态下，语速通常要快一些，音量会变大，音调也可能会变高。

提取出反映情感信息的特征后，语音情感分析就依赖情感分类模型来实现。学者们经过研究已经找到很多情感分类方法，其中主成分分析法、混合高斯模型法、人工神经网络法可以在语音情感分析方面取得较好的识别效果。

3.2 语音识别

小明是一名上班族，今天因为路上堵车迟到了。他赶到公司后，发现自己忘记带钥匙卡了，无法打开门进入公司。于是，他拿出手机想要通过语音输入密码来解锁电子门禁。

小明长按手机的起始键（Home键），唤醒了语音输入功能。他清了清嗓子，大声说道："我的公司钥匙卡忘记带了，我需要输入电子门禁的密码。"手机屏幕闪现出"请说

出密码”的提示，小明依照指引连续说了几个数字和字母。随着电子门禁的轻微响动，小明顺利地进入公司。他松了口气，觉得这次用语音输入解决问题真是太方便了。从此以后，他在生活中也越来越喜欢使用语音输入的功能。

3.2.1 语音识别简史

语音识别的目标是把语音转换成文字，因此语音识别系统也叫作 STT（Speech to Text）系统。语音识别是实现人机自然语言交互非常重要的第一个步骤，把语音转换成文字之后就由自然语言理解系统来进行语义的计算。

有学者把语音识别和自然语言理解放到一起叫作语音和语言处理（Speech and Language Processing）。丹·朱拉斯凯（Dan Jurafsky）等在 *Speech and Language Processing* 中对语音识别和自然语言处理进行了讨论。在语音识别时会使用语言模型，这也是自然语言处理的研究对象，很多其他自然语言处理系统如机器翻译等都会使用到语言模型。

更多的时候这两个方向的研究并不会有太多重叠的地方，语音识别除了语言模型之外也不会考虑太多的“语义”。而自然语言处理假设的研究对象都是文本，并不关心文本是语音识别的结果还是用户从键盘的输入抑或是 OCR 扫描的结果。但是从人类的语言发展来说，我们都是首先有语言而后才有文字，即使到今天，仍然有一些语言只有声音而没有文字。虽然研究的时候需要有一个更具体的方向，但是也不能把语音和语言完全割裂开来。

语音识别技术可以追溯到 20 世纪 50 年代。以下是语音识别技术的主要发展里程碑。

20 世纪 50—60 年代：早期的语音识别研究主要集中于数字信号处理和基本分类技术。在此期间，IBM 的香农和沃伦·威弗（Warren Weaver）提出了第一个基于声学模型的语音识别系统。

20 世纪 70 年代：研究者开始使用隐马尔可夫模型来建立声学模型。这种模型是语音识别领域中的重大突破，在今天仍然被广泛应用。

20 世纪 80—90 年代：语音识别技术得到了进一步发展，包括使用更先进的语言模型和关键词检测技术等。

2000 年至今：随着深度学习和神经网络技术的发展，特别是深度神经网络和循环神经网络的出现，语音识别技术取得了巨大进展。这些技术提高了声学模型的准确性，并且支持端到端语音识别，为智能语音助手、智能家居、自动驾驶等离线和在线场景提供了更好的服务。

总之，语音识别技术在过去几十年里经历了不断的发展和改进，并将继续成为人机交互、智能化生产和服务等领域的重要基础技术。

3.2.2 语音识别系统架构

语音识别系统是指利用计算机技术自动地将人类语音信号转换为文本或命令的过程。其主要应用在语音识别助手、电话语音交互、音频转写等领域。

一般来说，语音识别系统包括语音前端预处理和后端特征提取以及解码部分。语音前端预处理通常包括声学特征提取、去噪、语速控制等步骤，以获得更加适用于语音识别的语音信号；后端特征提取通常采用机器学习方法，先学习大量的人类语音数据，再用这些数据训练出由深度神经网络组成的声学模型；而解码部分则始于基于隐马尔可夫模型的维特比（Viterbi）算法，现已发展至更快、更准确的束搜索算法。除此之外，语言模型也是一个重要的组成部分，可以结合单词概率、上下文信息等因素对最有可能的文本进行估计，以提高识别准确率。

目前，语音识别系统正逐渐被广泛应用于各个领域，并不断发展壮大，未来还将有更多挑战和研究方向。

语音识别系统的典型架构通常包括以下几个组件。

（1）前端处理：将语音信号转换为数字表示，例如，通过声学特征提取和预加重等技术进行预处理。这些数字表示通常被称为用于描述该信号的梅尔频率倒谱系数。

（2）语言模型：利用自然语言处理技术对可能输入序列进行建模，使语音识别系统能够判断哪些识别结果更为合理。语言模型通常是基于统计模型或神经网络模型实现的。

（3）声学模型：将 MFCC 特征映射到各个可能的语音单元（如音素或单词），并计算每个单元出现的概率。

（4）解码器：根据语音信号的 MFCC 特征、语言模型和声学模型，生成最终的识别结果。解码器通常使用搜索算法来找到最可能的输出序列。常见的搜索算法包括动态规划和束搜索等。

（5）后处理：根据应用场景，对识别结果进行后处理，如纠错和语音合成等。

语音识别系统架构如图 3-4 所示。

3.2.3 语音转换成文本

语音转换成文本，即语音识别，是一种将人的口述语言转换成文字的过程。通过语音识别技术，可以将语音信号转换为计算机可处理的文本信息。

目前，市面上已经有不少语音识别的应用，如微软公司的 Cortana、苹果公司的 Siri、谷歌（Google）公司的 Google Now 等。这些应用都基于深度学习等技术，对语音信号进行分析和理解，最终将其转化成文字。相较于手工输入，语音转换成文本具有很强的便利性。我们可以通过语音命令来控制设备，如打电话、发短信、播放音乐等；同时，

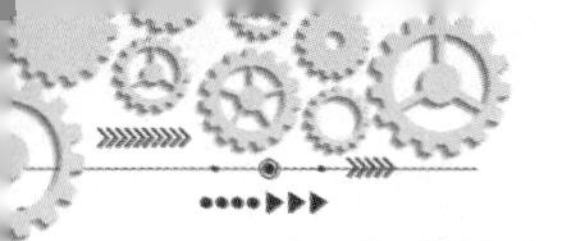

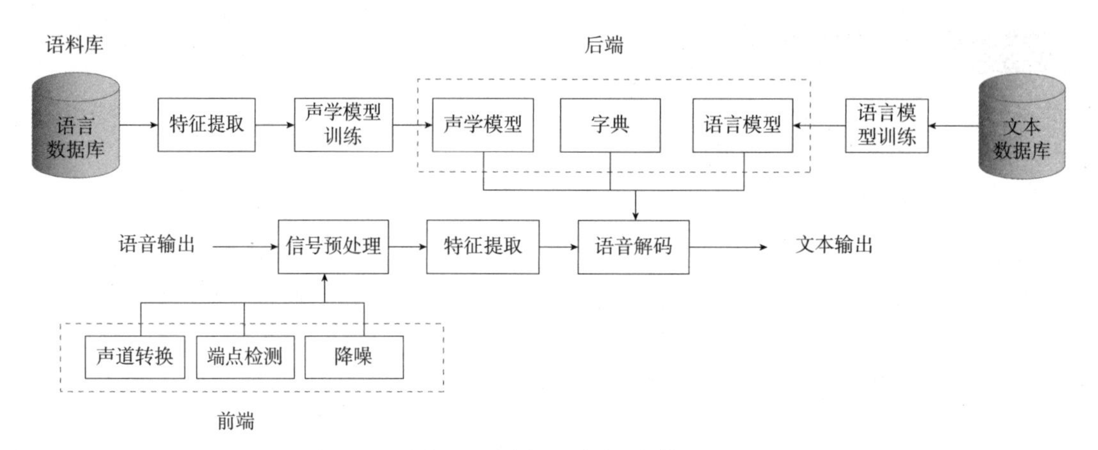

图 3-4　语音识别系统架构

语音转换成文本也为视觉障碍和言语障碍的人群带来了更多的便利。有若干原因使得人们希望将语音转为文本。

（1）盲人或者有其他生理缺陷的人可以仅通过语音来控制不同的设备，将口语会话转换成文本，记录会议或者其他重大事件。

（2）可以将视频中的音轨和音频文件转换为字幕；也可以通过对一个翻译设备讲话，将识别的文字翻译成其他语言的文字，然后合成声音。

语音转换成文本的流程如下。

1. 获取语音特征

构建自动语音识别（automatic speech recognition，ASR）系统的第一步是获取语音特征。换句话说，需要甄别出那些在语音波形中对识别语言内容有用处的分量，剔除那些无用的背景噪声。每个人的发声都会被声道的形状和舌头、牙齿的位置所过滤。发出的声音由这些形状决定。为了准确地识别出所产生的音素，需要准确地确定出这些形状。可以说声道的形状利用它自己形成了短时功率谱的包络。MFCC 的作用就是精确表达这些包络。语音也可以通过转换成声谱图来表示为数据，如图 3-5 所示。

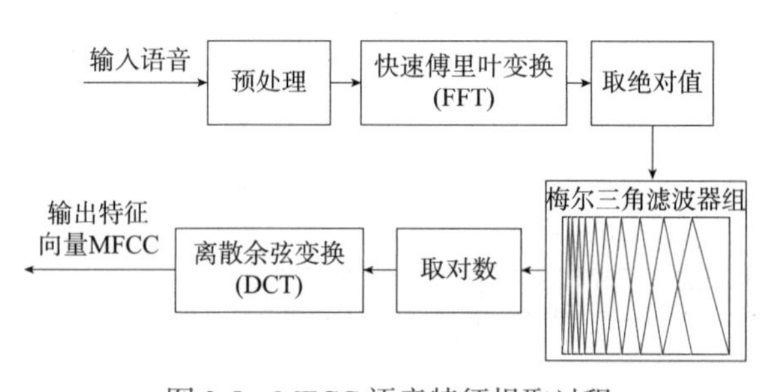

图 3-5　MFCC 语音特征提取过程

2. 将语音映射为矩阵

MFCC在自动语音识别和说话人识别中被广泛使用。梅尔标度将一段纯音的感知频率，或者说音高，与实际测量频率联系在一起，利用如下公式，可以将一段声音从频率标度转换到梅尔标度：

$$M(f)=2\ 595 \times \log 10(1+f/700)$$

如果要从梅尔标度转回频率标度，则可以用下面的公式：

$$F(m)=700\times(10^{m/2\,595}-1)$$

3. 将语音映射为图像

声谱图是频谱的光学或电子学表示。此处的想法是将音频文件转换为图像，并将这些图像传入深度学习模型，如 CNN 和 LSTM（长短时记忆网络），来做分析和分类。声谱图是由窗口化的数据片段的 FFT 构成的一个序列。其常见的格式是包含两个几何维度的图，一个轴代表时间，另一个轴则代表频率。可引入第三维，用颜色或者点的大小来表示在特定时刻某个频率的信号分量的幅值大小。声谱图通常可由两种方式来构建：近似于由一系列带通滤波器产生的滤波器库，或者利用 Python 直接函数将音频映射为声学谱。

4. 利用 MFCC 特征构建语音识别分类器

为构建语音识别分类器，需要安装 Python 包 python_speech_features。可以运行命令 pip install python_speech_features 来安装这个包。mfcc 函数可以为一个音频文件生成一个特征矩阵。为了构建一个识别不同说话人声音的分类器，需要将这些人的声音数据采录为 WAV（波形声音文件）格式的语音数据，然后利用 mfcc 函数将这些音频文件转换成矩阵。以下是一段在 Python 中使用 librosa 库从 WAV 文件中提取 MFCC 特征的代码：

```
import librosa
# 读入 WAV 文件
audio_file = 'path/to/audio.wav'
y, sr = librosa.load(audio_file, sr=None)
# 提取 MFCC 特征
mfccs = librosa.feature.mfcc(y=y, sr=sr, n_mfcc=13)
```

其中，audio_file 是 WAV 文件的路径，y 是读入的音频数据，sr 是采样率。librosa.load() 函数返回的 y 是一个一维的 numpy 数组，代表原始音频信号。librosa.feature.mfcc() 函数接收原始音频信号和采样率作为输入，并返回一个形状为 (n_mfcc, t) 的 numpy 数组，其中 t 是 MFCC 特征向量的数量（即语音信号被分解成了多少个时间步），n_mfcc 是 MFCC 系数的数量（也就是 MFCC 特征向量的长度）。通过以上操作，一个特征向量集就产生了。尽可能多地收集一个人的录音，并将音频数据的特征矩阵追加到这个矩阵中。这个特征矩阵就是训练数据集。对于其他的类别，可重复这个过程得到训练数据集。一旦数据集准备好，就可以用任何深度学习分类模型来构建这个区分不同说话人的分类器。

5. 利用声谱图构建语音识别分类器

利用声谱图，只需要将音频文件转换为图像，因此，要将训练数据中的音频文件转为图像，并将这些图像馈入深度学习模型中，如同在 CNN 中所做的那样。

以下是一段使用 librosa 库将一个音频文件转为声谱图的 Python 代码，同时将其可视化：

```
import librosa
import librosa.display
import matplotlib.pyplot as plt
# 读入音频文件
audio_file = 'path/to/audio.wav'
y, sr = librosa.load(audio_file, sr=None)
# 计算短时傅里叶变换  STFT
D = librosa.stft(y)
# 将 STFT 转为分贝  db  单位，并进行归一化处理
DB = librosa.amplitude_to_db(abs(D))
DB -= DB.min()
DB /= DB.max()
# 可视化声谱图
plt.figure(figsize=(10, 5))
librosa.display.specshow(DB, sr=sr, x_axis='time', y_axis='linear', cmap='inferno')
plt.colorbar(format='%+2.0f dB')
plt.title('Spectrogram')
plt.xlabel('Time (Seconds)')
plt.ylabel('Frequency (Hz)')
plt.tight_layout()
plt.show()
```

其中，audio_file 是要转换的音频文件的路径，y 是读入的音频数据，sr 是采样率。librosa.stft() 函数计算输入信号的短时傅里叶变换，并返回一个矩阵 D，矩阵的形状为 (n_fft/2 + 1, t)，其中 t 是时间步数，n_fft 是傅里叶变换的窗口大小（通常为 2 的幂次方）。本示例中没有指定窗口大小，默认使用了 n_fft=2048。由于声谱图通常是以分贝为单位进行可视化的，因此使用 librosa.amplitude_to_db() 函数将 STFT 转换为分贝（db）单位，并进行归一化处理。最后，使用 librosa.display.specshow() 函数进行可视化。

以下是一些常用的 Python 语音转文本库。

SpeechRecognition：谷歌基于 API 的语音识别系统，可通过 pip 包管理器轻松安装，

支持多种语言识别和多个语音输入源（如麦克风、音频文件等）。

pocketsphinx：卡内基·梅隆大学开发的开放源码自动语音识别引擎，可实现离线语音识别；提供多种语言模型和词图，适用于嵌入式设备和较小规模的应用场景。

vosk：由苏里柯夫学院（Skolkovo Institute of Science and Technology，俄罗斯）团队制作的实时语音识别软件库，支持多语种，可以将很多工作移植到 GPU 上。

DeepSpeech：进行端到端训练得到的 Mozilla 的深度学习语音识别系统。该系统经过训练，支持在线或离线语音识别，并支持多种语言。

需要注意的是，在使用这些库之前，可能需要进行其他设置或添加其他依赖项。例如，使用 SpeechRecognition 库需要先安装第三方音频包 PyAudio 或者 sounddevice 才能正常工作。以下是一些语音转换成文本的开源 API：

（1）PocketSphinx。

（2）Speech API。

（3）Wit.ai。

（4）Houndify。

（5）IBM Speech to Text API。

这些 API 都很不错，特别是对美式口音识别得很好。如果你对评估转换的准确率感兴趣，需要了解一个度量：词错误率（WER）。在接下来的部分，将会讨论上面提到的这些 API。

（1）PocketSphinx。PocketSphinx 是一个用于语音—文本转换的开源 API。它是一个轻量级的语音识别引擎，尽管在桌面端也能很好地工作，它还专门为手持设备和移动设备做过调优。可以通过运行命令 pip install PocketSphinx 来安装这个包。

以下是使用 PocketSphinx 进行语音识别的 Python 示例代码：

```
import speech_recognition as sr
# 创建一个 Recognizer 对象
r = sr.Recognizer()
# 打开音频文件，获取 AudioSource 对象
audio_file = 'path/to/audio.wav'
with sr.AudioFile(audio_file) as source:
    # 读取音频文件数据
    audio_data = r.record(source)
# 将语音数据传给 PocketSphinx 进行识别
text = r.recognize_sphinx(audio_data)
# 输出识别结果
```

```
print(text)
```

在此示例中，audio_file 是要进行语音识别的音频文件路径。首先创建了一个 Recognizer 对象 r，然后使用 sr.AudioFile() 函数打开音频文件，获取 AudioSource 对象。接着，使用 r.record() 方法读取音频文件的数据，并将其传给 Recognizer 对象以使用 PocketSphinx 进行识别。最后使用 r.recognize_sphinx() 方法获取识别结果并将其输出。

需要注意的是，使用 PocketSphinx 进行语音识别需要安装语音识别引擎和语言模型。关于如何安装及配置这些组件，请参考 PocketSphinx 的官方文档和相关资料。

（2）Speech API。谷歌提供了它自己的 Speech API，可在 Python 代码中实现并用来构建各种应用。

以下是使用谷歌云（Google Cloud）Speech-to-Text API 进行语音识别的 Python 示例代码：

```
import io
from google.cloud import speech_v1p1beta1 as speech
# 创建一个 SpeechClient 对象
client = speech.SpeechClient()
# 打开音频文件，获取 AudioSource 对象
audio_file = 'path/to/audio.wav'
with io.open(audio_file, 'rb') as f:
  audio_data = f.read()
# 设置语音配置
config = speech.RecognitionConfig(
  encoding=speech.RecognitionConfig.AudioEncoding.LINEAR16,
  sample_rate_hertz=16000,
  language_code='en-US',
)
# 发送语音数据给谷歌云进行识别
audio = speech.RecognitionAudio(content=audio_data)
result = client.recognize(config=config, audio=audio)
# 输出识别结果
for alternative in result.results:
  print(u'Transcript: {}'.format(alternative.alternatives[0].transcript))
```

在此示例中，audio_file 是要进行语音识别的音频文件路径。首先创建一个 SpeechClient 对象 client。然后使用 io 库打开音频文件，并读取其数据内容。接着，设置了语音配置，其中包括音频格式、采样率和语言等参数。最后，将语音数据发送给谷歌云进行识别，并获取识别结果。

需要注意的是，使用谷歌云 Speech-to-Text API 进行语音识别需要在谷歌云平台上创建一个项目，并启用该产品。关于如何创建项目并启用该产品，请参考谷歌云官方文档和相关资料。

（3）Wit.ai。Wit.ai 是一个由 Facebook 开发的自然语言处理平台，为开发者提供了语音转文本、文本分类、实体抽取等自然语言处理功能。通过 Wit.ai API，开发者可以将自然语言输入转换为结构化数据，并在应用程序中进行处理和分析。

Wit.ai API 支持多种编程语言和开发环境，包括 Python、JavaScript、C# 等主流语言。开发者可以使用 HTTP（超文本传输协议）API 或 SDK（软件工具开发包）与 Wit.ai API 进行交互，在应用程序中轻松集成自然语言处理功能。

此外，Wit.ai 还开发了一些工具和库，如 Wit.ai Unity SDK 和 Voice SDK 等，方便开发者在特定平台和场景下使用 Wit.ai API。

以下是使用 Wit.ai API 进行语音转文本的 Python 示例代码：

```
import requests
# 设置 API 参数
token = 'YOUR_ACCESS_TOKEN'
url = 'https://api.wit.ai/speech'
headers = {'authorization': 'Bearer ' + token,'Content-Type': 'audio/wav'}
# 打开音频文件，获取音频数据
audio_file = 'path/to/audio.wav'
with open(audio_file, 'rb') as f:
 audio_data = f.read()
# 发送 HTTP 请求，将音频数据转为文本
resp = requests.post(url, headers=headers, data=audio_data)
# 输出转换结果
if resp.status_code == 200:
 result = resp.json()
 if '_text' in result:
  print(' 转换结果为：', result['_text'])
 else:
```

```
    print('无法识别音频中的文本')
else:
    print('无法与Wit.ai API建立连接')
```

在此示例中，首先需要到Wit.ai官网上注册账户并创建一个应用，获取访问令牌（token）。然后将要转换的音频文件读入内存，设置HTTP请求头部（header），并发送HTTP请求，将音频转换为文本。最后，输出转换结果。

使用Wit.ai API进行语音转文本需要在Wit.ai平台上注册并创建应用，获取访问令牌。关于如何在Wit.ai平台上进行注册和使用，请参考Wit.ai官方文档和相关资料。

（4）Houndify。Houndify是一种基于云端的语音识别与理解服务，由SoundHound公司开发，并提供给开发者和企业使用。开发者可以通过Houndify API，在自己的应用程序中集成语音识别、语音理解、自然语言处理等功能，从而创建出更加智能化、交互性更好的产品。

根据Houndify官网的介绍，其API具有以下特点：

（1）可以实现卓越的语音识别和理解；

（2）使用Houndify Voice AI平台支持多种设备和操作系统；

（3）可以灵活自定义识别模型，支持开发者自定义语言模型、实体、命令等；

（4）提供多种SDK、工具、示例代码支持各类应用场景。

以下是一个使用Houndify API进行语音识别的示例代码，可以将用户的语音输入转换为文本输出：

```
import houndify
class MyListener(houndify.StreamingListener):
    def onPartialTranscript(self, transcript):
        print("Partial transcript: " + transcript)
    def onFinalResponse(self, response):
        print("Final response: " + str(response))
    def onError(self, err):
        print("Houndify error: " + str(err))
client = houndify.StreamingHoundClient(CLIENT_ID, CLIENT_KEY, "test_user")
listener = MyListener()
client.start(listener)
while True:
    samples = get_audio_samples() # 从麦克风或其他设备中获取音频输入
```

```
        if len(samples) == 0:
            break
        client.fill(samples)
    client.finish()
```

以上代码使用了 Houndify 提供的 Python SDK。首先，创建一个 StreamingHoundClient 对象，并传入 CLIENT_ID 和 CLIENT_KEY，这两个参数是在 Houndify 平台上注册应用程序后获得的。然后，在 While 循环内部，通过调用 get_audio_samples() 函数来获取音频输入的数据，并将其填充到客户端中进行语音识别处理。在回调函数中，可以获取到部分识别结果和最终的识别结果，并输出到控制台。

需要注意的是，Houndify API 支持多种语音编码格式，开发者需要根据自己的设备和应用场景选择适合的音频格式。同时，Houndify API 也提供了多种 SDK 和示例代码支持不同开发环境和语言的开发者使用，详细信息可以参考 Houndify 官网。

（5）IBM Speech to Text API。IBM Speech to Text API 是由 IBM Watson 开发的语音转文本服务，使用机器学习和自然语言处理技术来实现高效准确的语音识别。其可以支持多种语言和音频格式，包括实时语音流、音频文件等，并且支持定制化模型，可以根据不同场景下应用的需求来进行个性化定制。

据 IBM 官网介绍，IBM Speech to Text API 可以应用于多个领域和场景，例如：客户自助服务，呼叫中心电话录音转文本，视频字幕生成，会议记录和笔录，无纸化文档和博客。

在使用 IBM Speech to Text API 时，用户可以使用 IBM 提供的 API，在自己的应用程序中调用该服务实现语音转换功能。开发者还可以通过 IBM 提供的示例代码和 SDK 快速了解和使用该 API。以下是一个使用 IBM Speech to Text API 进行语音转文本的示例代码：

```
import json
import ibm_watson
from ibm_watson import SpeechToTextV1
from ibm_cloud_sdk_core.authenticators import IAMAuthenticator
authenticator = IAMAuthenticator(api_key)
speech_to_text = SpeechToTextV1(
    authenticator=authenticator
)
speech_to_text.set_service_url(url)
```

```
with open('audio-file.mp3', 'rb') as audio_file:
    result = speech_to_text.recognize(
        audio=audio_file,
        content_type='audio/mp3',
        model='en-US_NarrowbandModel',
        timestamps=True,
        word_confidence=True
    ).get_result()
print(json.dumps(result, indent=2))
```

在上面的示例代码中，首先需要使用IBM提供的IAMAuthenticator对象进行身份验证，其中api_key和url是用户自行申请并获取的。接下来创建SpeechToTextV1对象，并设置语音服务的URL（统一资源定位器）链接。

使用with open打开需进行语音转换的音频文件，并使用recognize方法将音频文件发送至IBM Watson Speech to Text服务端进行处理。该方法需要指定音频数据的格式、使用的模型、是否输出时间戳和词语置信度。

最后将结果输出到控制台中，使用json.dumps()对返回的结果进行格式美化。

需要注意的是，使用IBM Speech to Text API时，用户需要先自行配置环境，并提供相应的认证信息和音频文件。此外，IBM Speech to Text API支持多种语言和音频格式，可以根据具体的应用场景选择相应的模型和参数。详细信息可以参考IBM Speech to Text官方文档。

3.2.4 HMM语音识别模型

HMM语音识别模型是一种基于隐马尔可夫模型的语音识别方法，用于将连续的语音信号转换为对应的文字或命令。该模型将语音信号看作是由多个音素按照一定顺序组成的，每个音素对应一个HMM。在识别过程中，对输入的语音信号进行特征提取，利用HMM计算每个音素对应的后验概率，通过动态规划的方式找到最优的音素序列，进而识别出整个语音信号。

HMM-GMM（隐马尔可夫-高斯混合模型）是一种常见的HMM语音识别模型，其中GMM表示高斯混合模型（Gaussian Mixture Model），用于建模每个HMM中的发射概率分布。具体来说，在HMM-GMM里，每个HMM由多个状态组成，每个状态对应一个固定的高斯混合模型，沿时间轴向前移动时，进入下一个状态意味着从当前状态对应的高斯混合模型中采样得到观测值（即语音特征向量）的概率。通过局部优化和全局搜索的算法，

HMM-GMM能够鲁棒地对各种口音、语速、噪声等问题进行处理，是目前仍然被广泛使用的语音识别模型之一。

HMM通过对发音单元建模，可以捕捉其在时间上的演变过程，并将其映射到声学特征上。在语音识别中，采用GMM来建模状态的生成概率分布，然后使用维特比算法求解最可能的状态序列。同时，使用N-gram语言模型来对候选语音识别结果进行评估，从而找到最可能的文本输出结果。

虽然现在端到端语音识别模型可以直接对后验概率建模，不需要HMM结构了，但实际上很多state-of-the-art模型还是以HMM结构为主，如链式模型（chain model）。掌握HMM-GMM结构对于理解和应用一些传统的语音识别方法仍然是必要的。

1. HMM简介

HMM，是一种关于时序的概率模型。它描述了由一个隐藏的马尔可夫链随机生成不可观测的状态随机序列，再由各个状态生成一个观测从而产生观测随机序列的过程。其中，隐藏的马尔可夫链随机生成的状态的序列被称为状态序列；每个状态生成一个规则，而由此产生的观测的随机序列被称为观测序列。序列的每一个位置又可以看作一个时刻。

HMM的形式定义如下：设Q是所有可能的状态的集合，V是所有可能的观测的集合：$Q=\{q_1, q_2, \cdots, q_N\}$，$V=\{v_1, v_2, \cdots, v_M\}$。

其中，N是可能的状态数，M是可能的观测数。HMM由初始概率分布、状态转移概率分布和观测概率分布三部分共同决定。它是一种经典的机器学习序列模型，实现简单，计算快速，广泛用于语音识别、自然语言处理、手写识别、图像处理等领域。HMM可以追溯到20世纪60年代，最初用于语音识别领域。自那以后，它已经成为处理序列问题（如机器翻译、手写字符识别、基因序列分析等）的常用工具和经典模型之一。

HMM在语音识别领域得到广泛应用主要归功于来自美国卡内基·梅隆大学的拉里·拉宾纳（Larry Rabiner）等的研究成果。他们在20世纪80年代初使用了HMM中的维特比算法，开创了现代自动语音识别的先河。此外，基于HMM的汉字手写识别方法也被广泛应用于智能手写板等领域。

随着深度学习技术的发展，HMM逐渐被神经网络模型所取代，例如利用循环神经网络的序列到序列模型（Seq2Seq）。但是，在某些特定的场景下，HMM仍然保持其优越性，例如在离线手写字符识别、基因序列分析和金融时间序列预测等领域。因此，随着人工智能领域的快速发展，HMM仍然具有广阔的应用前景和巨大的研究价值。

下面将从三个方面来介绍HMM语音识别模型。

（1）基本原理：HMM语音识别模型是一种建立在隐马尔可夫模型基础上的模式识别方法，用于对声音信号进行建模和识别。该模型主要包括观测状态、隐藏状态以及状态转移概率、发射概率和初始状态概率等参数，并通过训练过程估计这些参数。在解码过程中，利用维特比算法搜索最可能的隐藏状态序列，并得到相应的文本输出。具体来说，该模型将声音信号转化为一个连续的特征向量序列，并对其进行建模和识别，可以广泛地应用于语音识别、语音合成等领域。

（2）算法流程：HMM 语音识别模型的算法流程包括训练和解码两个主要步骤。训练过程中，通过给定的语音样本数据集，估计模型的参数，包括状态转移概率、发射概率、初始状态概率等，以及定义每个状态所表示的语音单元。解码过程中，根据已经训练好的模型，利用维特比算法搜索最可能的隐藏状态序列，并将其映射为相应的文本输出。

（3）实际应用：HMM 语音识别模型已经在实际中得到广泛的应用，比如语音识别、语音合成、自然语言处理等领域。其中，语音识别应用最为广泛，可以应用于智能语音助手、语音识别输入法、语音识别唤醒等方面。同时，随着深度学习技术的不断发展，端到端语音识别模型等新型模型也崭露头角，未来 HMM 语音识别模型将会有怎样的发展，值得进一步研究。

2. HMM 语音识别模型的基本原理

HMM 是一种基于状态转移的序列建模方法，常用于语音识别任务中。HMM 包含了观察序列（一段语音信号）和隐含状态序列（音素序列）两个部分，其中观察序列很容易获得，但隐含状态序列却很难被直接观测到。

在语音识别任务中，我们通常需要将观察序列映射为对应的隐含状态序列，即将语音信号的帧序列与其对应的音素序列一一匹配。因此，我们需要利用 HMM 建模来描述这种映射关系。

以下是 HMM 的三个基本问题。

（1）概率计算问题。给定模型和某个观察序列，如何计算该观察序列被模型生成的概率？这个问题的解决方法是使用前向算法，即从观察序列的第一个时刻开始递推计算前向概率。前向概率表示到当前时刻观察到的序列，并同时处于某个特定状态的概率。最终的观察序列的概率即为前向概率之和。

（2）抽样问题。给定模型，如何生成一个符合该模型的观察序列？这个问题的解决方法是使用后向算法。后向算法类似于前向算法，但从观察序列的最后一个时刻开始递推计算后向概率。后向概率表示从当前时刻到最后时刻观察到的序列，并同时处于某个特定状态的概率。最终的观察序列即为从每个时刻的前向概率和后向概率中抽样得到的。

（3）学习问题。给定观察序列，如何求出最优的 HMM 参数（即状态转移概率、发射概率和初始状态概率分布）？

这个问题的解决方法是使用鲍姆-韦尔奇（Baum-Welch）算法，也称为 EM（expectation-maximization，期望最大化）算法。EM 算法是一种迭代算法，由 E 步和 M 步两个阶段交替进行，用于求解参数最大似然估计。

在 E 阶段，我们需要先计算出在给定模型参数条件下，每个时刻处于某个状态的概率。然后以这些概率作为权重来更新模型参数。

在 M 阶段，我们需要利用更新后的模型参数来重新计算状态转移概率、发射概率和初始状态概率分布。更新后的模型参数再被用于 E 阶段的计算，直到收敛为止。

以上就是 HMM 语音识别模型的基本原理。

3. HMM 语音识别模型的算法流程

首先，输入音频信号被预处理成帧；每个帧的特征向量给定后，通过前向 / 后向算法计算出每个时刻的概率分布，得到一段语音对应的所有可能的状态序列及对应的概率；通过维特比算法寻找最可能的状态序列，从而得到一个最可能的识别结果。可以通过阅读 Python 中的 hmmlearn 库来学习 HMM 算法和模型。该库实现了多种 HMM，支持离散观测和连续观测，以及多个解码算法。可以通过以下步骤用 Python 实现。

（1）安装 hmmlearn 库（pip install hmmlearn）。

（2）导入库（import hmmlearn）。

（3）创建 HMM（hmm = hmmlearn.hmm.MultinomialHMM(n_components=2)）。

（4）训练模型（hmm.fit(X)），其中 X 为训练集。

（5）预测模型（hmm.predict(X)），其中 X 为测试集。

此外，还可以使用基于 Python 的 OpenCV 库进行 HMM 的实现和应用。

下面是一个简单的 Python HMM 案例，用于预测给定观测序列的状态序列：

```
import numpy as np
from hmmlearn import hmm
# 定义 HMM，其中 n_components 代表状态数，covariance_type 代表协方差类型（此处为对角线），init_params 和 params 代表参数的学习方式
model = hmm.GaussianHMM(n_components=2, covariance_type="diag", init_params="c", params="c")
# 观测序列
X = np.array([[0.5], [0.7], [0.2], [0.8], [0.6], [0.9]])
# 训练模型
model.fit(X)
# 预测结果
Z = model.predict(X)
print(Z)
```

解释：该代码定义了一个具有两个状态的 GMM-HMM，并使用对角线协方差对其进行建模。使用提供的观察序列 X 来拟合模型，随后预测给定观察序列的状态序列 Z。最后，将预测的状态序列打印到控制台上。

需要注意的是，hmmlearn 库还提供了多种 HMM、解码算法和参数学习方法，你可以根据自己的具体需求和实际情况选择使用。

4. HMM 语音识别模型的实际应用

HMM 语音识别模型在实际中应用非常广泛，主要包括以下几方面。

语音助手：如苹果的 Siri、谷歌的 Google Assistant，在语音助手中，HMM 语音识别模型可以识别用户的语音指令并执行相应的操作。

电话客服：HMM 语音识别模型可以应用在电话客服中，为用户提供自助服务或将用户的问题转接给相应的人工客服。

语音翻译：HMM 语音识别模型可以将说话者的语音转换为文字，然后再翻译成所需语言的文字，从而实现语音翻译的功能。

计算机辅助交互：HMM 语音识别模型可以用于计算机和人之间的交互，比如智能家居系统中，通过语音识别来控制灯光、温度等设备。

以下是一些 HMM 语音识别模型的实际应用 Python 案例。

基于 HMM 的语音识别（Speech Recognition with Hidden Markov Model）：这个项目是一个基于 HMM 来进行语音识别的程序，使用的语言是 Python。该程序使用特征提取和 GMM 来训练 HMM，从而实现对语音的识别。

基于 HMM 的语音合成（HMM-based Speech Synthesis）：这个项目使用 HMM 来合成语音，使用了 Python 和 HTS 工具包。它可以根据一个输入文本来产生相应的语音输出，并且有多种声音可以选择。

HMM 语言识别（Language Identification with HMM）：这个项目是一个基于 HMM 的语言识别程序，使用 Python 语言实现。它可以识别多种语言，包括英语、西班牙语、汉语等，可以用于自然语言处理等应用。

这些案例展示了 HMM 语音识别模型在实际应用中的灵活性和广泛性，它们可以作为学习和理解 HMM 语音识别模型的好例子，并且在将来的实践中有很大的应用前景。

以下是一个用 Python 实现的基于 HMM 的语音识别程序，具体实现细节可以参考代码注释。

```
import numpy as np
class HMM:
    def __init__(self, obs, states, start_prob, trans_prob, emit_prob):
        """
        obs: 观测值集合
        states: 隐状态集合
        start_prob: 初始概率向量
```

```
        trans_prob: 状态转移矩阵
        emit_prob: 发射概率矩阵
        """
        self.obs = obs
        self.states = states
        self.start_prob = start_prob
        self.trans_prob = trans_prob
        self.emit_prob = emit_prob
    def forward(self, obs_idx):
        """
        计算前向概率
        obs_idx: 观测值索引序列
        return: 前向概率矩阵 alpha 和标量 c
        """
        T = len(obs_idx)
        N = len(self.states)
        alpha = np.zeros((T, N))
        c = np.zeros(T)
        # 初始化 alpha 和 c
        for i in range(N):
            alpha[0][i] = self.start_prob[i] * self.emit_prob[i][obs_idx[0]]
            c[0] += alpha[0][i]
        c[0] = 1.0 / c[0]
        alpha[0][:] = c[0] * alpha[0][:]
        # 递推计算 alpha 和 c
        for t in range(1, T):
            for i in range(N):
                for j in range(N):
                    alpha[t][i] += alpha[t-1][j] * self.trans_prob[j][i]
                alpha[t][i] *= self.emit_prob[i][obs_idx[t]]
            c[t] = 1.0 / np.sum(alpha[t])
            alpha[t][:] = c[t] * alpha[t][:]
        return alpha, c
    def backward(self, obs_idx, c):
```

```
        """
        计算后向概率
        obs_idx: 观测值索引序列
        c: 前向概率中的缩放因子
        return: 后向概率矩阵 beta
        """
        T = len(obs_idx)
        N = len(self.states)
        beta = np.zeros((T, N))
        # 后向概率初始化为缩放因子
        beta[T - 1][:] = c[T-1]
        # 递推计算后向概率
        for t in range(T-2, -1, -1):
            for i in range(N):
                for j in range(N):
                    beta[t][i] += self.trans_prob[i][j] * self.emit_prob[j][obs_idx[t+1]] * beta[t+1][j]
                beta[t][i] *= c[t]
        return beta
    def fit(self, obs_idx_seq, n_iters=10):
        """
        使用 Baum-Welch 算法训练模型参数
        obs_idx_seq: 观测值索引序列
        n_iters: 迭代次数，默认为 10
        """
        M = len(obs_idx_seq)
        for n in range(n_iters):
            print("iteration {}".format(n+1))
            # E-step
            gamma = []
            xi = []
            log_prob_total = 0.0
            for obs_idx in obs_idx_seq:
                # 计算前向概率和缩放因子
                alpha, c = self.forward(obs_idx)
```

```
        # 计算后向概率
        beta = self.backward(obs_idx, c)
        # 计算 gamma 和 xi
        T = len(obs_idx)
        N = len(self.states)
        _gamma = np.zeros((T, N))
        _xi = np.zeros((T-1, N, N))
        for t in range(T):
            gamma_denom = np.sum(alpha[t] * beta[t])
            _gamma[t][:] = (alpha[t] * beta[t]) / gamma_denom if gamma_denom > 0 else 0
            if t == T-1:
                continue
            for i in range(N):
                for j in range(N):
                    xi_denom = np.sum(alpha[t] * self.trans_prob[i][j] * self.emit_prob[j][obs_
idx[t+1]] * beta[t+1])
                    _xi[t][i][j] = alpha[t][i] * self.trans_prob[i][j] * self.emit_prob[j][obs_idx[t+1]] *
beta[t+1][j] / xi_denom if xi_denom > 0 else 0
        gamma.append(_gamma)
        xi.append(_xi)
        log_prob_total += np.log(np.sum(alpha[T-1]))
    # M-step
    start_prob_num = np.zeros(len(self.states))
    trans_prob_num = np.zeros((len(self.states), len(self.states)))
    emit_prob_num = np.zeros((len(self.states), len(self.obs)))
    start_prob_denom = 0.0
    trans_prob_denom = np.zeros(len(self.states))
    for i in range(M):
        # 更新初始概率向量和发射概率矩阵
        start_prob_num += gamma[i][0]
        emit_prob_num[np.newaxis, :, obs_idx_seq[i]] += np.sum(gamma[i], axis=0)
        # 更新状态转移矩阵
        T = len(obs_idx_seq[i])
        for t in range(T - 1):
```

```
                trans_prob_num += xi[i][t]
                trans_prob_denom += gamma[i][t]
            start_prob_denom += np.sum(gamma[i][0])
            trans_prob_denom += np.sum(gamma[i][:-1], axis=0)
        self.start_prob = start_prob_num / start_prob_denom
        self.trans_prob = trans_prob_num / trans_prob_denom[:, np.newaxis]
        self.emit_prob = emit_prob_num / np.sum(gamma, axis=0)
        print("log likelihood {}".format(log_prob_total))
    def predict(self, obs_idx):
        """
        预测观测序列对应的隐状态序列
        obs_idx: 观测值索引序列
        return: 预测的隐状态序列
        """
        T = len(obs_idx)
        N = len(self.states)
        path_prob = np.zeros(N)
        path_prob_list = []
        alpha, c = self.forward(obs_idx)
        beta = self.backward(obs_idx, c)
        # 计算路径概率
        path_prob = alpha * beta
        path_prob = np.sum(path_prob, axis=1)
        # 计算最可能的路径
        state_idx = np.argmax(path_prob)
        path_prob_list.append(path_prob[state_idx])
        state_seq = [self.states[state_idx]]
        for t in range(T-1, 0, -1):
            state_prob = self.trans_prob[:, state_idx] * self.emit_prob[:, obs_idx[t]]
            state_idx = np.argmax(state_prob)
            path_prob_list.append(state_prob[state_idx])
            state_seq.append(self.states[state_idx])
        path_prob_list.append(start_prob[state_idx])
        state_seq.reverse()
```

```
    return state_seq
```

该程序使用了 numpy 库来进行矩阵运算，同时实现了 HMM 的三个基本操作：前向算法、后向算法和鲍姆 - 韦尔奇算法。在通过鲍姆 - 韦尔奇算法训练模型参数后，可以对输入的观测序列进行预测，得到对应的隐状态序列。

3.2.5　语音识别技术应用案例

1. 语音信息检索

随着智能音箱、语音助手等应用的出现，普通人也可以像科幻场景一样使用语音与机器进行交流。语音信息检索是通过对语音信息进行分析处理，从中提取关键信息并进行索引和搜索的一种技术。它可以应用于各种场景，如语音设备控制和语音检索。在语音设备控制场景下，用户可以通过语音指令来控制智能设备；在语音检索场景下，则可以从大段语音文档中定位到关键词所在位置。

下面是一个简单的 Python 代码示例，用于演示如何将智能音箱的语音识别功能与电器控制模块结合起来：

```
import speech_recognition as sr
from my_device_control_module import control_device
# 初始化语音识别器
r = sr.Recognizer()
# 使用系统默认的麦克风作为输入设备
with sr.Microphone() as source:
  print("Say something!")
  # 获取音频数据
  audio = r.listen(source)
try:
  # 将音频转换为文本
  text = r.recognize_google(audio, language='zh-CN')
  print("You said: {}".format(text))
  # 判断指令，调用对应的电器控制函数
  if ' 打开电视 ' in text:
    control_device('TV', True)
  elif ' 关闭电视 ' in text:
```

```
        control_device('TV', False)
    elif '打开空调' in text:
        control_device('Air Conditioner', True)
    elif '关闭空调' in text:
        control_device('Air Conditioner', False)
    else:
        print("Sorry, I don't understand.")
except:
    print("Sorry, I could not recognize your voice.")
```

该示例使用了 Python 中的 speech_recognition 模块来实现语音识别，并调用电器控制模块的函数 control_device() 来控制设备。在实际应用中，需要根据实际情况进行修改和适配。

请注意，这只是一个简单的示例，实际上实现智能音箱控制电器需要考虑很多因素，如多个指令的处理、语音识别准确度、不同人的语音习惯等。因此，实现智能音箱控制电器需要一定的开发经验和技术知识。

该案例中，用户可以通过对智能音箱说出指令来控制家里的电器，如打开电视、关闭空调等。智能音箱可以解析语音指令，识别出用户所说的话，并将指令发送给相应的电器进行控制。同时，智能音箱也会将电器的状态反馈给用户，如电视已经打开了、空调已关闭等。

实现这个功能需要以下几个模块：

语音输入模块：用于接收用户的语音指令；

语音识别模块：将语音指令转化成文本信息；

控制信号生成模块：根据文本信息生成相应的控制信号；

控制信号输出模块：向被控电器发送控制信号；

状态反馈模块：将被控电器的状态反馈给用户。

在该案例中，智能音箱就是实现上述功能的设备。当用户对智能音箱发出语音指令后，智能音箱会将其转化成文本信息，然后生成相应的控制信号，并通过 Wi-Fi 或者蓝牙等无线通信方式发送到被控电器进行控制。同时，智能音箱还会实时获取被控电器的状态，并将其反馈给用户，从而实现语音控制家居电器的功能。

语音检索是指通过对语音文本进行关键词提取和索引建立，从而实现对语音文件的快速检索和定位。用户可以通过语音输入或者语音控制等方式发出查询请求，系统会自动识别用户的语音信息，根据预先建立的索引库快速定位到所需的语音文件，并将结果反馈给用户。目前，像百度语音搜索和讯飞语音搜索等都已经应用在实际场景中，带来了便捷的用户体验和高效的信息处理能力。

实现一个基于语音检索的应用需要以下几个步骤：

语音输入：用户通过语音输入设备发出查询请求；

语音识别：系统需要对用户的语音指令进行识别，并将其转化成对应的文字信息，如短语音识别标准版；

关键词提取：提取查询请求中的关键词；

索引库检索：对关键词与索引库进行匹配检索，并找到相应的语音文件；

语音输出：将检索到的语音文件输出给用户，可以通过语音合成技术将文字信息转化成语音形式返回给用户。

通过上述步骤，用户可以发出简单的语音指令，快速定位到所需的语音信息，实现高效、便捷的语音检索。

2. 发音学习技术

发音学习技术是指通过计算机技术和人工智能等手段，帮助学习者更好地掌握一门语言的发音技巧和口音特征的技术。目前，基于语音识别、语音合成等技术的发音学习工具已经广泛应用于在线教育、外语学习等多个领域。

其中，发音评估技术可以帮助学习者准确地了解自己的发音错误点，及时纠正发音问题，提高语音交流的效果。例如，微软的语音服务中提供了发音评估工具，可以对学习者的语音进行准确度、流利度、完整度等方面的评估。

另外，基于发音人自训练平台，学习者甚至可以通过提供少量的干净录音数据，快速训练自己的发音模型，并生成专属的、独一无二的语音合成音库，提供更加自然、流畅的朗读体验。

总的来说，发音学习技术为学习者提供了高效、便捷的学习方式，同时也为在线教育、外语培训等行业带来了更加智能化的解决方案。

发音学习技术已经被广泛应用于在线教育、外语培训、智能客服等多个领域。下面以一些典型的案例来介绍发音学习技术的应用。

VIPKID。VIPKID是一家专注于线上英语教育的互联网公司，其核心产品是一款支持一对一在线英语口语教学的平台。该平台通过与外教实时视频连线的方式进行教学，并配合发音评估系统和语音翻译引擎等技术，帮助学生提升英语发音和交流能力。

谷歌助手。谷歌助手是谷歌公司推出的语音助手，该助手内置了语音合成和语音识别技术，并通过人工智能算法识别用户的声音，自动掌握用户的口音特征，从而提供更加准确、全面的服务。

讯飞智能客服。讯飞智能客服利用其先进的语音识别和自然语言处理技术，实现了智能问答、自动语音导航、语音识别、语音评估等功能，帮助各种企业提高客户服务效率和质量。

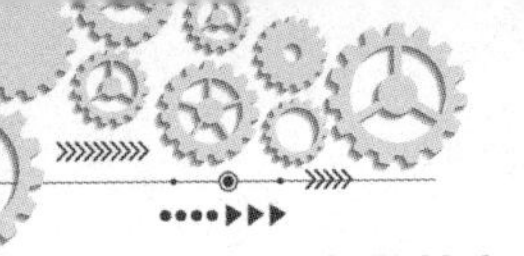

总而言之，发音学习技术是一种高效、便捷的学习方式，可以帮助学习者更好地掌握语音技巧和口音特征。同时，这项技术还在各种行业中得到了广泛应用，为企业提供了更加智能化和人性化的服务。

3. 语音情感识别

语音情感识别是计算机对人类情感感知和理解过程的模拟，它的任务就是从采集到的语音信号中提取表达情感的声学特征，并找出这些声学特征与人类情感的映射关系；计算机的语音情感识别能力是计算机情感智能的重要组成部分，是实现自然人机交互界面的关键前提，具有很大的研究价值和应用价值。

一般来说，语音情感识别系统主要由三部分组成：语音信号采集、情感特征提取和情感识别，情感识别系统框架如图 3-6 所示。语音信号采集模块通过语音传感器（如麦克风等语音录制设备）获得语音信号，并传递到情感特征提取模块对语音信号中与话者情感关联紧密的声学参数进行提取，最后送入情感识别模块完成情感的判断。需要特别指出的是，一个完整的语音情感识别系统除了要完善上述三部分以外，还离不开两项前期工作的支持：①情感空间的描述；②情感语料库的建立。情感空间的描述有多重标准，例如离散情感标签、激励—评价—控制空间和情感轮等，不同的标准决定了不同的情感识别方式，会对情感语料的收集标注、识别算法的选择都产生影响。情感语料库更是语音情感识别研究的基础，负责向识别系统提供训练和测试用语料数据。国内外相关研究根据研究者的出发点不同会各有侧重，但归根结底都可以涵盖上述五个关键模块。下面从情感描述模型、情感语音数据库、语音情感特征提取、语音情感识别算法、嵌入式语音识别技术应用这五个角度对当前的语音情感识别技术主流方法和前沿进展进行系统的总结和分析。

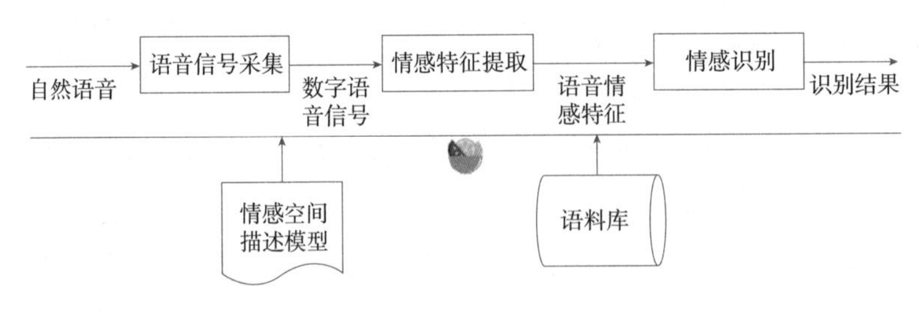

图 3-6　情感识别系统框架

1）情感描述模型

（1）离散形式情感描述模型。离散形式情感描述模型可以从范畴观的角度进行理解。2003年，心理学家罗伯特·普拉切克（Robert Plutchik）将情绪划分为八种基本类别：生气、害怕、悲伤、讨厌、期待、惊讶、赞成、高兴。这种离散型情绪划分方法比较简单和容易理解，在许多情绪识别研究中得到了广泛应用。

其中，离散形式将情感描述为离散的、形容词标签的形式，如高兴、愤怒等。在人们的日常交流过程中被广泛使用，同时还被普遍运用于早期的情感相关研究中。不同学者对基本情感的定义和划分存在差异，其中美国心理学家保罗·艾克曼（Paul Ekman）提出的六大基本情感（又称为 big six）在当今情感相关研究领域的使用较为广泛。

（2）维度形式情感描述模型（连续情感描述模型）。维度形式情感描述模型是一种基于维度的情感描述方式，将情感视为一个高度相关的连续量，并采用几个取值连续的基本维度将情感状态描述为空间中的一个坐标点。

该模型认为情感状态由多个维度组成，如愉悦度、唤起度、支配度等。不同的情感状态可以用不同的维度值来表示。这种模型的优点在于可以更为精细地描述情感状态，同时能够避免离散形式情感描述模型所面临的局限。

维度形式情感描述模型在情感计算、自然语言处理等领域得到了广泛应用。例如，通过分析文本中的情感词、情感强度等信息，可以将其转换为相应的情感维度值，从而实现情感分析和情感推断等任务。此外，其在社交媒体分析、用户评价分析等领域也有广泛应用。

2）情感语音数据库

情感语音数据库收集了不同情感状态下（如高兴、悲伤、愤怒等）的语音数据，从而使研究者可以对这些数据进行分析，探索情感与语音特征之间的联系。目前已经有多个开放的情感语音数据库，如 SWEA（AVEC 情感竞赛 2017—2019），RECOLA 2013、IEMOCAP 2008、Emo-DB 2005 等。情感语音数据库在情感识别、智能音箱、智能客服、人脸识别等领域中有着广泛的应用。例如，在情感识别领域，可以使用情感语音数据库对人类语音信号中的情感信息进行分析和研究；同时，还可以利用情感语音数据库进行语音生成和情感转换。在智能音箱和智能客服领域，可以利用情感语音数据库来训练相关的语音识别和情感识别模型，从而提升产品的交互体验。在人脸识别领域，可以将情感语音数据库的数据与人脸图像数据相结合，进行复合情感的研究和分析。

3）语音情感特征提取

（1）韵律学特征。韵律学特征指的是语音中不同于语法、语义的声音调节表现，包括音高、音长、音量、节奏等方面的变化。韵律学特征对语音输入的识别和理解非常重要，在自然语言处理和语音合成等领域中得到广泛应用。韵律学特征主要体现在音调的升降和强弱、音长的延长或缩短、快慢和轻重等方面的变化上，能够通过一系列声学特征参数进行有效测量和表示。

（2）基于谱的相关特征。基于谱的相关特征是指通过对语音信号进行快速傅里叶变换或小波变换，将其转化为频域表示，并提取一些与声学特性相关的参数，以作为语音认识、分析和合成的基础。目前基于谱的相关特征主要有线性预测倒谱系数（LPCC）、梅尔频率倒谱系数等。MFCC 特征是当前最常用的语音特征之一，其通常使用 39 维度的矢量表达语音信号，包括 MFCC1-13，其中 MFCC1 替换为对数能量，再依次计算一阶差分和二阶差分。

（3）声音质量特征。声音质量特征是指用于描述声音质量好坏的一系列特征。在语音处理中，声音质量对于语音信号的识别和理解具有重要影响，因此，对于声音质量特征的研究和应用具有重要意义。常见的声音质量特征包括音质、响度、清晰度和韵律等方面的特征。

在语音质量评价方面，常用的评价标准包括信噪比（Signal-to-Noise Ratio，SNR）、分段信噪比（Segmental Signal-to-Noise Ratio，SegSNR）、PESQ（Perceptual Evaluation of Speech Quality，语音质量的感知评价）以及对数似然比测度等。除此之外，根据不同的应用场景和目的，还可以使用其他的声音质量特征进行评价，例如，音高、频率分布等。不同的声音质量特征对于不同类型的声音处理任务有着不同的应用价值，需要针对具体问题作出选择。

（4）融合特征。融合特征是指在机器学习和深度学习领域，将多个不同的特征组合，生成更有意义、更具表现力的新特征的过程。融合特征可以在提升模型性能、减少过拟合、改进模型鲁棒性等方面产生作用。

常见的特征融合方法包括早期融合（Early Fusion）和晚期融合（Late Fusion）两种。

早期融合是将两个或多个特征在输入模型之前合并成一个特征向量，然后一起输入模型进行训练。其中常用的融合方式包括串联（concatenation）和加法（addition）等。

晚期融合是将多个子模型的输出融合在一起，生成最终的预测结果。晚期融合可以进一步提升模型的性能和鲁棒性，其中常见的方法包括加权平均法、投票法和堆叠法等。

4）语音情感识别算法

语音情感识别是指使用计算机技术对语音信号进行分析和处理，以判断说话人的情感状态，通常包括愉快、悲伤、愤怒、害怕等。语音情感识别在智能客服、医疗辅助诊断等领域有着广阔的应用前景。

目前，语音情感识别算法主要分为基于感性特征和基于深度学习两种。

基于感性特征的算法通过提取一些声学特征（如基音周期、功率谱密度、频率范围等）和语言特征（如音调、语速等）来判断语音信号中的情感。这种算法的优点在于特征提取较为直观，计算量较小，但其缺点是特征的选取和权重的调整会影响到情感识别的准确性。

基于深度学习的算法则通过神经网络模型在大量数据集上进行训练，从而达到自动提取特征的目的。常见的模型架构包括CNN、RNN和LSTM等。这种算法的优点在于可以更好地捕捉语音信号中的抽象特征，但其缺点是需要大量的数据进行训练。

同时，基于深度学习的算法也可以与传统的基于感性特征的算法结合，形成一种融合特征的算法，进一步提高识别的准确率。

（1）基于感性特征的语音情感识别算法。基于感性特征的语音情感识别算法主要是从语音信号中提取特定的声学特征和语言特征，再通过一定的分类方法将这些特征映射为情感标签。声学特征通常包括基音周期、能量、语调等，而语言特征则包括语速、停顿等，具体的算法流程如下。

预处理：对语音信号进行预处理，如去除噪声、分帧、进行预加重等。

特征提取：从预处理后的语音信号中提取有判别性的声学和语言特征。常用的特征包括基音周期、幅频谱、倒谱系数、时域过零率等。其中，基音周期和幅频谱常用于刻画说话人的语调和情感状态，而倒谱系数和时域过零率则可以反映说话人的共振特征和声音能量变化。

特征选择：在提取出大量的特征后，需要进行特征选择，排除一些不具有判别性的特征，保留关键的特征。通常使用相关系数、互信息、卡方检验等方法或者基于机器学习的特征选择方法。

建立分类器：根据特征选择的结果，选取适合的分类器，如K近邻算法（K-NN）、支持向量机、朴素贝叶斯（Naive Bayes）等。

模型训练和测试：通过训练集训练模型，检验模型的性能，通过测试集验证模型的泛化能力和鲁棒性。

模型评估：使用常见的评估指标，如准确率、精确率、召回率、F1值等，评估模型的性能。

基于感性特征的语音情感识别算法具有特征提取简单、计算速度快等优点，但也存在一些弊端，例如，对说话人的年龄、性别、语种等非语音特征敏感，对多人场景下的情感识别效果较差等。因此，当前研究方向是将基于感性特征的语音情感识别算法与基于深度学习的算法相结合，从而提高语音情感识别的准确性和鲁棒性。

（2）基于深度学习的语音情感识别算法。基于深度学习的语音情感识别算法通常采用卷积神经网络、长短时记忆网络、门控循环单元（GRU）神经网络等模型进行情感分类，其主要思路是利用大规模数据训练出具有强泛化能力的模型，将输入的语音信号映射为对应的情感标签，具体的算法流程如下。

数据预处理：需要对语音信号进行预处理，如去除噪声、分帧、进行预加重等。

特征提取：将预处理后的语音信号转换为频谱图或梅尔频率倒谱系数等特征表示形式。这些特征可以通过傅里叶变换、离散余弦变换等方法获得。

搭建深度神经网络：根据语音信号转换后的特征建立一个深度神经网络，该神经网络可以包含多层卷积层、池化层、全连接层等，并且可以使用LSTM、GRU等门控循环神经网络结构来完成长序列的分类任务。

模型训练和测试：通过训练集进行模型训练，优化模型参数，然后通过测试集对模型进行测试和评估。

模型优化：通过正则化、增加数据量、调节超参数等方法进一步优化模型的性能，提

升模型的泛化能力和鲁棒性。

基于深度学习的语音情感识别算法具有很高的准确率和鲁棒性，而且不需要手动提取特征，可以从原始语音信号中自动提取有判别性的特征。但是，其也存在着较高的计算复杂度、需要大量训练数据等问题。因此，在实际应用中需要进行合适的选择。

5）嵌入式语音识别技术

嵌入式语音识别技术是指将语音识别算法嵌入嵌入式设备中，实现对语音信号的实时分析和处理的技术。它可以将语音命令转化为数字信号并进行处理，进而实现控制、交互等功能。嵌入式语音识别技术的应用非常广泛，如智能家居、智能手表、智能穿戴设备等。

常见的嵌入式语音识别技术应用案例有以下几方面。

智能家居控制：嵌入式语音识别技术可以应用于智能家居系统中，用户可以通过说出指令，实现对房间灯光、温度、窗帘等智能设备的控制。

车载语音助手：车辆采用嵌入式语音识别技术，让驾驶员可以通过发出口令来实现控制汽车导航、音乐播放、电话通话等多种功能，提升驾驶安全性。

智能机器人：机器人采用嵌入式语音识别技术，可以与人进行自然语言沟通，从而实现更加智能化的服务和操作。

医疗护理设备：医院中的一些设备，如呼吸机、输液泵等可以使用嵌入式语音识别技术，使患者或医护人员通过语音控制，提高医疗设备的使用便捷性。

智能穿戴设备：智能眼镜、智能手表等智能穿戴设备可以使用嵌入式语音识别技术，使用户通过语音指令来控制设备的使用。

3.3 语音合成

3.3.1 语音合成简介

语音合成是指利用计算机程序将文本信息自动转换为语音信号的过程。它是一种人机交互界面技术，可应用于很多场景中，如智能家居、语音助手、电话系统导航等。

语音合成技术主要包括两部分：文本转换成语音的前端处理和语音信号生成的后端处理。前端处理负责将输入文本根据发音规则和音素库转化成相应的音素序列，同时结合语言模型对发音进行调整，以保证输出语音的通顺连贯；后端处理则通过合成音素或使用基频和共振峰等声学手段来生成最终的语音信号。

现代语音合成技术已经取得了很大进展，特别是以神经网络为核心的深度学习技术的应用，使合成语音的自然度和表现力都得到了显著提高。目前的语音合成技术越来越接近自然语音，人们很难甚至无法区分合成语音和真人语音之间的差别。

语音合成需要使用文本转语音技术。文本转语音技术将文字转换为声音，使计算机能够模拟人的语音，从而使声音从计算机中生成。在这个过程中，先将文本分析成单词和段落，然后将它们转换为音素和韵律特征，最后使用合成器将这些特征转换为合成语音。随着技术的不断进步，文本转语音技术正在变得更加自然和可接受。

3.3.2 语音合成发展历史

语音合成技术可以追溯到 20 世纪 60 年代初期，随着计算机技术的发展，语音合成技术得到了不断的改进和提升。以下是语音合成技术的主要发展历程。

20 世纪 60—70 年代：此时期主要出现了“拼接合成”（concatenative synthesis）技术，它利用预先录制的音素库拼接成目标语音的方法进行语音合成。

20 世纪 80—90 年代：为了减小音素库长度和节省存储空间，研究人员开始探索一些比较新的方法，如基于声学模型（acoustic modeling）的语音合成和基于规则（rule-based）的语音合成等。

2000 年至今：随着深度学习技术的发展，特别是循环神经网络和卷积神经网络的应用，语音合成技术有了显著的提升，合成语音质量更加自然，表现力也更强。

随着技术的不断创新和进步，语音合成技术不断向更加自然、智能化、交互化方向发展，未来将在人工智能、无障碍通信和个性化定制等方面发挥重要作用。

3.3.3 语音合成技术框架

语音合成技术是指将输入的文本转换为语音信号的过程，其关键就是将文本转换为音频波形。语音合成技术框架主要有以下几个部分。

（1）文本预处理。对输入的文本进行预处理，去除无用字符、标点符号等，并根据语言模型和发音规则生成相应的音素序列。

（2）音素库。音素库存储了一段短且清晰的人声发音，通常都是单个音节或音素。这些元音和辅音可以被组合在一起，形成单词，从而构建出更复杂的语音。

（3）发音规则。发音规则是用来确定每个音素如何发音的一个重要依据。它可以帮助我们把单词转换为音素序列。

（4）合成实现。使用现有的合成器或者编写自己的合成算法来生成音频波形、音频文件或流，最终输出到音频设备或网络接口。

（5）声学模型。声学模型主要采用深度学习技术，以连续的声学参数作为输入和输出，通过训练数据学习声学参数与语音信号之间的映射。

（6）混合覆盖。如果需要产生高质量的语音信号，则需要使用某种信号分析和合成技术，如基于谱分析或原始音频的双分析法（FFT）或线性预测编码（LPC）等。

这些部分可以构成不同类型的语音合成器，例如文本合成语音合成器、基于规则的语音合成器、连续统计语音合成器等。Python 中有多种语音合成器可以使用，以下是其中比较常用的几个。

pyttsx3：pyttsx3 是一款纯 Python 语音合成库，支持 Windows、Mac、Linux 等多平台，支持多种声音和语言，使用简单，可以直接在 Python 脚本中调用。

Google TTS：Google TTS 是 Google Text-to-Speech 的缩写，也是一款 Python 语音合成库，使用 Google TTS API 进行语音合成，支持多种语言和声音。

espeak：espeak 是一款开源的语音合成软件，可以在 Python 中使用其 Python 语音合成模块 py-espeak-ng 进行语音合成，支持多个平台。

Festival：Festival 是一款免费的文本到语音系统，支持多种语言，可用于语音合成。Python 中可使用 PyFestival 库进行语音合成。

这些 Python 语音合成库都提供了基本的语音合成功能，使用方便简单，并且具有一定的可定制性。用户可根据需求选择相应的库来使用。当然这些库各自有其特点和应用场景，开发者可以根据具体需求选择最适合自己项目的库。

3.3.4 语音合成案例

语音合成技术已经广泛应用于多个领域中，如残障人士沟通、电子书朗读、语音虚拟助手、语音翻译等。例如，在智能家居领域中，语音合成可以实现通过语音命令控制家电设备；在电子书阅读器中，语音合成可用于自动朗读；在智能语音助手中，语音合成功能可以帮助用户更方便地进行各种操作；在旅游景点、机场车站等公共场所中，语音合成可用于导览设施。这些案例充分展示了语音合成技术在提高生活质量、便利人们生活方面的作用，未来还会有更多应用场景出现。接下来简单介绍一下语音合成器的使用。

1. pyttsx3 库的使用

以下是使用 pyttsx3 库的一个简单案例：

```
# 导入 pyttsx3 库
import pyttsx3
# 创建语音合成对象
engine = pyttsx3.init()
# 设置语言
engine.setProperty('voice', 'zh')
```

```
# 设置语速
engine.setProperty('rate', 120)
# 设置音量
engine.setProperty('volume', 0.5)
# 播放文本
engine.say(' 欢迎使用 pyttsx3 语音合成库。')
# 等待语音播放完毕
engine.runAndWait()
```

示例首先导入 pyttsx3 库。然后，创建了一个语音合成对象。接着，通过 engine.setProperty() 方法设置了语言、语速、音量等参数，使用 engine.say() 方法输入要播放的文本内容。最后，使用 engine.runAndWait() 方法播放语音，并等待语音播放完毕。

可以看到，pyttsx3 库的使用非常简单，通过几行代码就可以实现语音合成功能。使用该库，我们可以音频化任何文本，从而实现各种应用，如朗读电子书、语音助手、提醒工具等。

2. 使用 SAPI 进行语音合成的案例

以下是使用 SAPI 进行语音合成的一个简单案例：

```
# 导入 win32com 库
import win32com.client
# 创建语音合成对象
speaker = win32com.client.Dispatch('SAPI.SpVoice')
# 设置语速
speaker.Rate = 0
# 设置音量
speaker.Volume = 100
# 播放文本
speaker.Speak(' 欢迎使用 SAPI 进行语音合成。')
# 关闭语音合成对象
speaker.Speak('')
```

示例首先导入 win32com 库。然后，创建了一个语音合成对象 speaker，它使用 SAPI 作为语音合成引擎。接着，通过 speaker.Rate 和 speaker.Volume 属性分别设置了语速和音量等参数，使用 speaker.Speak() 方法输入要播放的文本内容。最后，通过 speaker.Speak('') 来关闭语

音合成对象，并释放资源。

可以看到，使用 SAPI 进行语音合成也非常简单，通过几行代码就可以完成整个语音合成过程。这种方法通常应用于 Windows 平台上，可用于各种应用程序中，如电子书朗读、语音助手、自动化测试等。

3. 使用 eSpeak NG 语音合成案例

eSpeak NG 是一款开源的语音合成软件，支持多种语言和口音，并允许用户自定义发音。下面是一个使用 eSpeak NG 进行语音合成的案例。

安装 eSpeak NG：可以通过 Linux、Mac 或 Windows 上的包管理器直接安装 eSpeak NG，也可以在其官方网站上下载源代码并按照说明进行安装。

以下是使用 eSpeak NG 进行语音合成的一个简单案例：

```
# 导入 subprocess 库
import subprocess
# 设置文本内容
text = ' 欢迎使用 eSpeak NG 进行语音合成。'
# 生成 WAV 文件
subprocess.call(['espeak-ng', '-w', 'output.wav', text])
# 播放 WAV 文件
subprocess.call(['aplay', 'output.wav'])
```

示例首先导入 subprocess 库。然后，使用 subprocess.call() 方法调用 eSpeak NG 命令行工具，将文本转换为 WAV 格式的音频文件，并保存到 output.wav 文件中。最后，使用 subprocess.call() 方法调用 Linux 系统自带的 aplay 命令播放 output.wav 文件。

可以看到，使用 eSpeak NG 进行语音合成也非常简单，只需在终端上运行相应的命令即可。这种方法通常应用于 Linux、Unix 等系统上，可用于各种应用程序中，如语音助手、自动化测试等。当然，也可以使用 Python 的 subprocess 库来执行这些命令。

4. 使用 SpeechLib 实现语音合成案例

SpeechLib 是一个 Windows 语音合成和识别库，可用于使用 Windows.Speech 或 Microsoft.Speech 进行语音合成和识别。以下是使用 SpeechLib 实现语音合成的一个简单案例：

```
# 导入 win32com 库
import win32com.client
# 创建语音合成对象
speaker = win32com.client.Dispatch('SAPI.SpVoice')
```

```
# 设置语速
speaker.Rate = 0
# 设置音量
speaker.Volume = 100
# 播放文本
speaker.Speak(' 欢迎使用 SpeechLib 进行语音合成。')
# 关闭语音合成对象
speaker.Speak('')
```

示例首先导入 win32com 库。然后，创建了一个语音合成对象 speaker，它使用 SpeechLib 作为语音合成引擎。接着，通过 speaker.Rate 和 speaker.Volume 属性分别设置了语速和音量等参数，使用 speaker.Speak() 方法输入要播放的文本内容。最后，通过 speaker.Speak('') 来关闭语音合成对象，并释放资源。

可以看到，使用 SpeechLib 进行语音合成也非常简单，通过几行代码就可以完成整个语音合成过程。这种方法通常应用于 Windows 平台上，可用于各种应用程序中，如电子书朗读、语音助手、自动化测试等。

需要注意的是，在运行此代码之前，需要在 Windows 上安装 Speech SDK，以便使用 SAPI.SpVoice COM 对象。Speech SDK 可以从 Microsoft 官方网站上下载。

总的来说，虽然 SpeechLib 不能直接在 Python 中使用，但可以使用 win32com.client 库来创建能够调用 SpVoice COM 对象的 Python 程序，实现语音合成的功能。

5. 使用 Google TTS API 实现语音合成

Google TTS API 是由谷歌提供的一款优秀的语音合成工具，它可以将文本转换为自然发音的语音输出。通过使用谷歌 AI 技术中最好的部分构建，该 API 提供了高质量、可定制和快速响应的语音合成服务。当需要给你的产品或应用添加声音特效时，Google TTS API 就是不二之选。

在使用 Google TTS API 时，只需要将文本输入 API 中，API 将会返回一个语音文件。Google TTS API 支持多种音频编解码，包括 MP3、WAV、LINEAR16 等，以及多种语言和发音风格的选择。此外，Google Cloud TTS API 还提供了一些高级功能，例如情感控制和音调控制等，用于生成更加细腻的语音输出。

需要注意的是，使用 Google TTS API 需要在谷歌云控制台（Google Cloud Console）上创建项目并启用 Cloud TTS API，同时还需要安装 Google Cloud SDK，并对其进行认证配置。对于初次使用 Google TTS API 的用户，该平台也提供 $300 的免费信用额度，可以在请求 TTS 服务时使用。以下是使用 Google TTS API 实现语音合成的一个简单案例：

```
# 导入 Google Cloud SDK 库
from google.cloud import texttospeech
# 创建 TTS 客户端
client = texttospeech.TextToSpeechClient()
# 设置合成参数
input_text = texttospeech.SynthesisInput(text=' 欢迎使用 Google Text-to-Speech API 进行
语音合成。')
voice = texttospeech.VoiceSelectionParams(
    language_code='zh-CN',
    name='zh-CN-Standard-A',
    ssml_gender=texttospeech.SsmlVoiceGender.NEUTRAL
)

audio_config = texttospeech.AudioConfig(audio_encoding=texttospeech.AudioEncoding.
MP3)
# 合成语音
response = client.synthesize_speech(
    input=input_text,
    voice=voice,
    audio_config=audio_config
)
# 将输出保存为 MP3 文件
with open('output.mp3', 'wb') as out:
    out.write(response.audio_content)
    print('Audio content written to file "output.mp3"')
```

示例首先导入 Google Cloud SDK 库。然后，创建了一个 TextToSpeechClient 对象 client，并设置合成参数。接着，通过 client.synthesize_speech() 方法调用 Google TTS API，将输入文本转换为 MP3 格式的音频文件。最后，将输出保存到 output.mp3 文件中。

可以看到，使用 Google TTS API 进行语音合成也非常简单，只需在谷歌云平台（Google Cloud Platform）上配置相应的 API 密钥，然后使用 Python 代码调用相应的 API 即可。这种方法通常应用于各种应用程序中，如语音助手、自动化测试等，支持多种语言和发音风格。Google Cloud TTS API 可以轻松实现高质量的语音合成功能，并为开发人员提供了各种配置选项来定制生成的语音输出。

3.4 语音智能发展趋势与挑战

随着移动互联网和人工智能技术的快速发展，语音交互技术越来越成为我们日常生活中不可或缺的一部分。在未来，语音交互技术将会迎来更加广阔的发展空间和更加复杂的应用场景。本节将从语音智能的发展趋势和挑战两个方面探讨未来语音智能技术的发展方向。

3.4.1 语音智能的发展趋势

1. 语音智能技术更加普及

近年来，语音交互技术逐渐进入人们的视野，越来越多的智能设备和应用开始支持语音输入、语音控制等功能。未来，随着技术的不断提升和市场需求的不断增长，语音智能技术将会逐渐普及，成为人们日常生活中不可或缺的一部分。

2. 语音识别技术达到高度精准性

目前，语音识别技术已经取得了很大的进展，但仍然存在一定的误识别率和语音质量差的问题。未来，随着算法模型的不断完善和硬件条件的不断提高，语音识别技术将会达到更高的精准性和更好的语音质量。

3. 语音智能技术与自然语言处理技术相结合

自然语言处理技术是指让计算机能够理解、分析和处理人类语言的技术。未来，语音智能技术将与自然语言处理技术相结合，实现更加智能化的语音交互。通过对用户的语音输入进行语义分析和情感分析，语音智能将更加准确地理解用户的意图，并给出更加符合用户需求的回答。

4. 声纹识别技术成为重要的一环

声纹识别技术是指通过对人声的语音特征进行分析和比对，实现身份识别或验证的技术。未来，声纹识别技术将逐渐成为语音智能的重要组成部分，可用于识别不同用户，并实现个性化的语音交互。

5. 语音合成技术不断提升

语音合成技术是指将文本转换为可听的语音输出的技术。未来，随着算法模型和硬件条件的不断提升，语音合成技术将会不断提升，输出的语音质量将会更加真实自然，人类与机器之间的沟通将会更加顺畅自如。

3.4.2 语音智能的挑战

1. 准确性和质量

当前，语音智能技术在准确性和质量方面仍面临一定的挑战。为了提高语音识别和语音合成的准确性和质量，需要不断优化算法模型和提升硬件条件。同时，需要考虑多种语言、口音、方言等因素，以满足不同地区和不同用户的需求。

2. 安全性和隐私保护

随着语音智能技术的广泛应用，安全性和隐私保护也成为一个重要的问题。在使用语音智能技术时，需要保证数据的安全性和隐私保护。同时，需要规范语音智能技术的使用范围和方式，避免出现滥用和侵犯个人隐私的情况。

3. 多样性和个性化需求

随着用户需求的不断增加，语音智能技术需要满足多样性和个性化需求。不同地区和不同用户对于语音智能的需求各不相同，在实现普及的同时，需要考虑满足不同用户的个性化需求。

4. 跨平台和多元化应用

随着智能手机、智能音箱、智能手表等多种智能设备的出现，语音智能技术需要实现跨平台和多元化应用。语音智能技术不仅需要支持多种设备和操作系统，还需要与其他智能技术相结合，实现更多样化和更全面的应用。

5. 技术基础和人才储备

语音智能技术是一项涉及多个领域的综合技术，需要有一定的技术基础和人才储备。在未来，随着技术的不断更新和市场需求的不断增长，需要更加注重技术基础和人才储备的建设，以保证语音智能技术的可持续发展。

语音智能技术将成为未来的一个重要发展方向。在未来的发展中，需要解决准确性和质量、安全性和隐私保护、多样性和个性化需求、跨平台和多元化应用、技术基础和人才储备等多方面的问题，以满足不断增长的市场需求，并推进语音智能技术的不断发展。

3.5 实战演示

随着人工智能技术的不断发展，语音智能技术越来越成为各行各业的热门应用。从智能音箱到智能客服，从医疗辅助到教育培训，语音智能技术正在改变人们的生活方式和工作模式。

以智能客服为例，近年来，越来越多的企业开始使用语音智能技术来提高客户服务水平。通过将 AI 语音机器人与传统的客服平台结合，企业可以快速响应客户需求、提高客户满意度，并大幅降低人力和物力成本。另外，智能医疗领域也是语音智能技术的一个重要应用场景。目前，越来越多的医疗机构开始引进语音智能技术来提高医疗效率和减轻医生工作压力。

语音智能技术的实战案例越来越多，不仅提高了工作效率、改善了生活体验，还为各行各业带来了更多的商业机会和更大的发展空间。随着技术的不断进步和市场需求的持续增加，语音智能技术的应用领域将会越来越广泛。下面就以聊天机器人为例，讲解语音智能技术的应用。

3.5.1 Python 开发聊天机器人

Python 是一种很适合开发聊天机器人的编程语言。Python 有丰富的第三方模块和工具，例如，自然语言处理工具包 nltk、语音识别库 SpeechRecognition 和文本转语音库 pyttsx3 等，都可以用来开发聊天机器人。

首先，需要安装两个 Python 库：nltk 和 pyttsx3。nltk 可以用来做语言分析等操作。pyttsx3 可以将文本转为语音。在命令行中输入以下命令进行安装。

```
pip install nltk
pip install pyttsx3
```

接着，需要准备一些数据集。数据集是聊天机器人的核心，它包含训练模型所需的信息，如问题、回答和意图等。这里使用一个简单的数据集来演示。创建一个名为“intents.json”的 JSON 文件，内容如下：

```
{
  "intents": [
    {"tag": "greeting",
     "patterns": ["Hi there", "How are you", "Is anyone there?", "Hello", "Good day"],
       "responses": ["Hello, how can I help you today?", "Good to see you again", "Hi there, how can I help?"],
    },
    {"tag": "goodbye",
     "patterns": ["Bye", "See you later", "Goodbye"],
     "responses": ["Goodbye!", "See you later!", "Have a nice day!"],
    },
```

```
    {"tag": "thanks",
     "patterns": ["Thanks", "Thank you", "That's helpful", "Thanks for the help"],
     "responses": ["You're welcome!", "Anytime!", "Glad to help!"]
    }
  ]
}
```

其中，每个意图都有一个“tag”（标签）、多个“patterns”（问题模式）和多个“responses”（回答）。例如，意图“greeting”代表问候，包含了 5 个不同的问题模式和 3 个不同的回答。

接下来，我们需要读取数据集并进行处理。在 Python 脚本中加入以下代码。

```
import json
import random
import nltk
from nltk.stem import WordNetLemmatizer
lemmatizer = WordNetLemmatizer()
with open('intents.json') as file:
    data = json.load(file)
words = []
labels = []
docs_x = []
docs_y = []
for intent in data['intents']:
    for pattern in intent['patterns']:
        tokenized_words = nltk.word_tokenize(pattern)
        words.extend(tokenized_words)
        docs_x.append(tokenized_words)
        docs_y.append(intent['tag'])
    if intent['tag'] not in labels:
        labels.append(intent['tag'])
words = [lemmatizer.lemmatize(word.lower()) for word in words if word != '?']
words = sorted(list(set(words)))

labels = sorted(labels)
```

以上代码中，首先加载数据集，并初始化一些变量。然后，遍历所有意图和问题模式，并对每个问题模式进行分词处理，将单词添加到“words”列表中，并将问题模式和意图的标签添加到“docs_x”和“docs_y”列表中。接着，将所有单词转换成小写并进行词形还原（lemmatization），并将其添加到“words”列表中。最后，对单词列表和标签列表进行排序，并去重。

接着，需要训练模型。这里使用Keras库中的Sequential模型。

```
import tensorflow as tf
from tensorflow.keras.models import Sequential
from tensorflow.keras.layers import Dense, Dropout
from tensorflow.keras.optimizers import SGD
import numpy as np
training = []
output = []
output_empty = [0] * len(labels)
for index, doc in enumerate(docs_x):
    bag = []
    tokenized_words = [lemmatizer.lemmatize(word.lower()) for word in doc]
    for word in words:
        bag.append(1) if word in tokenized_words else bag.append(0)
    output_row = list(output_empty)
    output_row[labels.index(docs_y[index])] = 1
    training.append(bag)
    output.append(output_row)
training = np.array(training)
output = np.array(output)
model = Sequential()
model.add(Dense(128, input_shape=(len(training[0]),), activation='relu'))
model.add(Dropout(0.5))
model.add(Dense(64, activation='relu'))
model.add(Dropout(0.5))
model.add(Dense(len(output[0]), activation='softmax'))
sgd = SGD(lr=0.01, decay=1e-6, momentum=0.9, nesterov=True)
model.compile(loss='categorical_crossentropy', optimizer=sgd, metrics=['accuracy'])
```

```
model.fit(training, output, epochs=200, batch_size=5, verbose=1)
```

以上代码中，首先初始化一些变量，包括训练数据和输出数据。然后，使用 Keras 来创建一个神经网络模型，它包含三个全连接层。其中，第一层有 128 个神经元，第二层有 64 个神经元，第三层输出与问题所包含的意图匹配的概率。使用“softmax”函数作为第三层的激活函数，并用 SGD（随机梯度下降）作为优化器，以及“categorical_crossentropy”作为损失函数。接着，使用 fit() 函数进行模型训练。

训练好模型后，可以编写一个聊天机器人的交互式前端，例如：

```
import pyttsx3
engine = pyttsx3.init()
def speak(text):
    engine.say(text)
    engine.runAndWait()
def chat():
    print("Start talking with the bot (type 'quit' to exit)")
    while True:
        user_input = input("You: ")
        if user_input.lower() == "quit":
            break
        tokenized_words = nltk.word_tokenize(user_input)
        tokenized_words = [lemmatizer.lemmatize(word.lower()) for word in tokenized_words]
        bag = []
        for word in words:
            bag.append(1) if word in tokenized_words else bag.append(0)

        results = model.predict(np.array([bag]))[0]
        results_index = np.argmax(results)
        tag = labels[results_index]
        for intent in data["intents"]:
            if intent['tag'] == tag:
                responses = intent['responses']
        speak(random.choice(responses))
chat()
```

以上代码是一个简单的聊天机器人应用的完整实现。当运行程序后，它会提示输入问题，然后将回答输出到控制台。对于文本回答，可以使用 print() 函数进行输出。对于语音回答，可以使用 pyttsx3 库进行语音合成并输出。

这是一个简单的基于 Python 的聊天机器人实战示例。该示例只是一个初步的实现，并不代表聊天机器人的具体实现方式。在实际开发中，需要根据具体业务场景和需求进行开发和调整。

3.5.2 Python 语音智能实战案例

Python 语言可以用于实现语音智能，下面是一个基于 Python 的语音智能实战案例，主要实现语音输入、文字转换、语义理解和语音输出等功能。

首先，需要安装和引入一些 Python 库，包括 speech_recognition、pyaudio、pypiwin32 和 pyttsx3 等。

接着，可以编写如下代码实现语音输入：

```
import speech_recognition as sr
r = sr.Recognizer()

with sr.Microphone() as source:
    print("Speak: ")
    audio = r.listen(source)
try:
    text = r.recognize_google(audio, language='zh-CN')
    print("You said: ", text)
except:
    print("Sorry, could not understand.")
```

以上代码首先使用 speech_recognition 库创建了一个 Recognizer 对象，并打开了系统麦克风。当用户说话时，程序会监听并将语音数据存储在“audio”变量中。然后，使用谷歌的语音识别 API 来将语音转换为文本。

接下来，可以使用 nltk 库实现自然语言处理和语义理解功能。例如，可以编写如下代码实现基于规则的问答和聊天功能：

```
import nltk
```

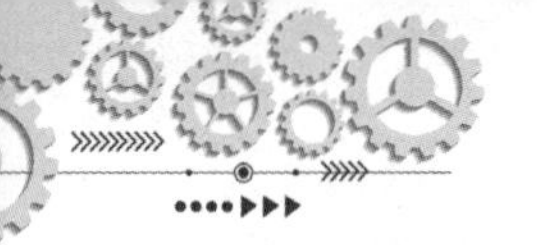


```
from nltk.chat.util import Chat, reflections
pairs = [
    ['(你好|您好)', ['你好', '您好']],
    ['(再见|拜拜|退出)', ['再见', '下次再见']],
    ['(.*)天气如何?(.*)', ['天气很好，万里无云']],
    ['(.*)新闻(.*)', ['最近没有重要新闻']]
]
def chatbot():
    print("你好！我是智能语音助手，请问有什么可以帮到您？")
    chat = Chat(pairs, reflections)
    chat.converse()
chatbot()
```

以上代码首先定义了一些规则和对应的回答，例如“你好”“再见”“天气如何”等。然后，使用 nltk.chat.util 库中的 Chat 对象来实现聊天功能。

最后，可以使用 pyttsx3 库实现语音输出功能，例如：

```
import pyttsx3
engine = pyttsx3.init()
def speak(text):
    engine.say(text)
    engine.runAndWait()
speak("你好，我是一个智能语音助手")
```

该示例只是一个初步的实现，并不代表具体的语音智能实现方式。在实际开发中，需要根据具体业务场景和需求进行开发和调整。

一、选择题

1. 在语音识别中，下列哪种技术可以用来提高识别准确度？（　　）

A. 声学模型　　B. 语言模型　　C. 人工智能　　D. 神经网络

2. 下列哪种算法常用于声学模型的构建？（　　）

A. 隐马尔可夫模型　　B. 支持向量机　　C. 深度学习　　D. 决策树

3. 文本到语音技术中的语音合成不包括以下哪个阶段？（　　）

A. 文本分析　　B. 音素映射　　C. 声学建模　　D. 单词转换

4. 以下哪种合成方法可以实现最自然的语音合成效果？（　　）

A. 拼接法　　B. 波形拼接法　　C. 参数合成法　　D. 基频同步合成法

5.TTS 技术中的辅音和元音代表着声音基本的分类，以下哪组属于元音？（　　）

A. B,P,M　　B. A,E,I　　C. S,Z,F　　D. N,L,R

6. 在 TTS 系统中，下列哪种技术可以提高语音合成的音质？（　　）

A. 语言模型　　B. 中文分词　　C. 声学模型　　D. 机器翻译

7.TTS 系统中，以下哪种技术可以提高语音合成的流畅度？（　　）

A. 韵律模型　　B. 语言模型　　C. 语音识别　　D. 语音压缩

8. 下列哪种方法能够让语音合成更加接近人类发音？（　　）

A. 根据文本匹配语音数据　　B. 使用机器学习模型进行训练

C. 通过时域和频域分析计算声学特征　　D. 利用高斯混合模型进行声学建模

9. 在 TTS 系统中，以下哪种技术可以进行单词的重音标注？（　　）

A. 音素映射　　B. 语言模型　　C. 声学模型　　D. 韵律模型

10. 在语音合成中，以下哪个因素对语音合成速度没有影响？（　　）

A. 处理器速度　　B. 语音库的大小　　C. 输入文本的长度　　D. 音频格式的压缩率

11. 以下哪一个不是语音合成的主要应用场景？（　　）

A. 无人电话客服　　B. 智能家居　　C. 车载导航　　D. 游戏语音交互

12. TTS 技术目前还存在一些问题，以下哪项不是其中的一个？（　　）

A. 效果较差的语音合成　　B. 语言模型的训练难度较大

C. 视唇同步效果不佳　　D. 多说话人转换效果差

二、简答题

1. 简述语音识别系统的基本原理。

2. 如何对声学模型进行训练和优化？

3. 说明语音信号与文本之间的转换过程。

4. 什么是语音合成？

5. 语音合成的三个核心组成部分是什么？

6. 目前语音合成存在哪些主要问题？

第4章 自然语言处理

导读

自人类文明诞生以来，文字就是人们传递信息的基本媒介。在互联网高度发达的今天，文字形式的信息也以爆炸式的速度增长着。媒体不断地在网络上发布最新的新闻，人们随时随地通过手机谈论身边的事情。每时每刻都有大量的文字从各种渠道生产出来，汇集在互联网上。面对海量的文本数据，我们又能否利用人工智能技术自动对其进行分析与理解，从而节省人类有限的阅读时间与精力？

学习目标

1. 了解自然语言处理的概念、发展历程。
2. 了解自然语言处理相关技术、应用场景。
3. 了解自然语言理解与自然语言生成。
4. 了解自然语言处理在生活中的典型应用。

重点与难点

1. 熟练掌握自然语言处理的原理和方法。
2. 理解自然语言处理在生活中的典型应用。

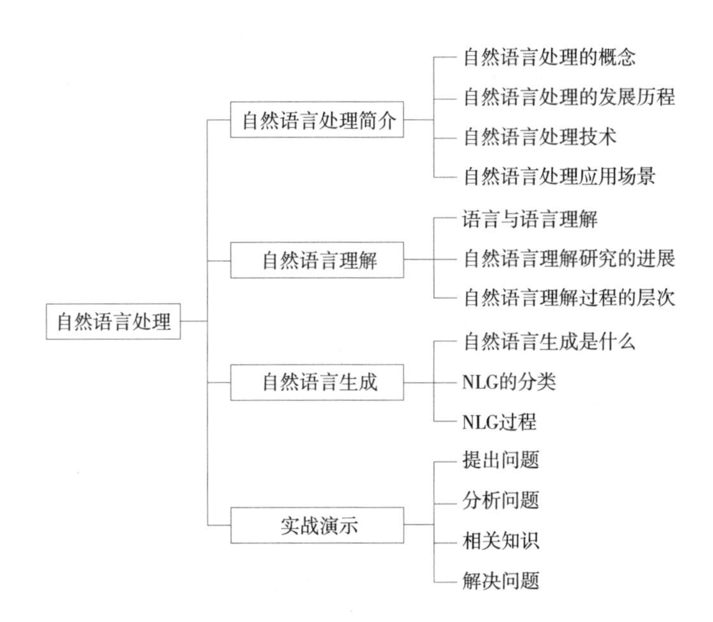

4.1　自然语言处理简介

4.1.1　自然语言处理的概念

自然语言处理是计算机科学领域与人工智能领域中的一个重要方向，它是以语言为对象，利用计算机技术来分析、理解和处理自然语言的一门学科，即把计算机作为语言研究的强大工具，在计算机的支持下对语言信息进行定量化的研究，并提供可供人与计算机共同使用的语言描写。自然语言处理包括自然语言理解和自然语言生成两部分，如图 4-1 所示。它是典型的边缘交叉学科，涉及语言科学、计算机科学、数学、认知学、逻辑学等，关注计算机和人类（自然）语言之间的相互作用的领域。

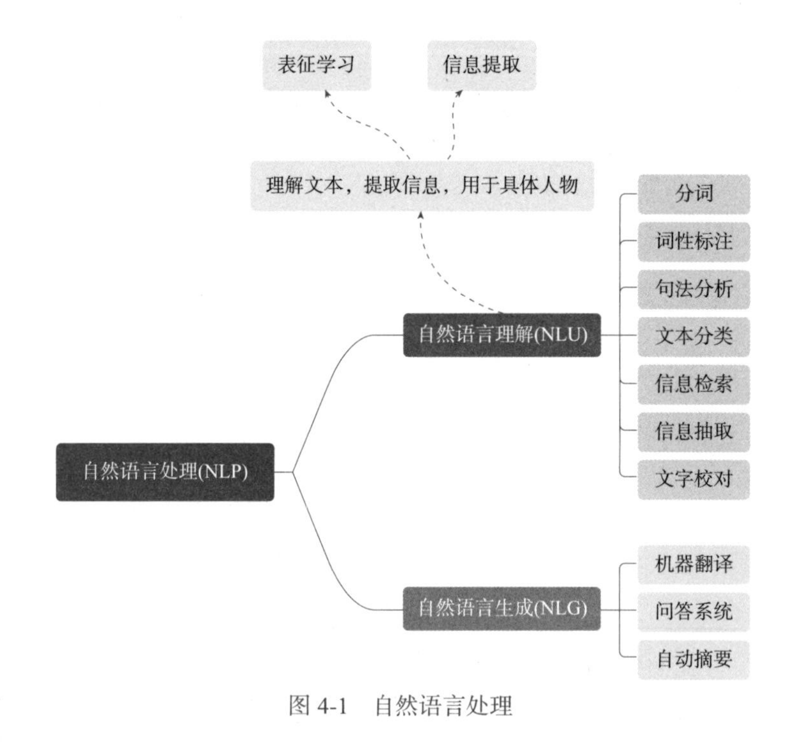

图 4-1 自然语言处理

4.1.2 自然语言处理的发展历程

自然语言处理的发展大致经历了五个阶段：1956 年以前的萌芽期；1957—1970 年的诞生、发展期；1971—1993 年的低速发展期；1994—1999 年的复苏融合期；2000 年至今机器学习的兴起期。

1. 萌芽期（1956 年以前）

自然语言处理可追溯到计算机科学发展之初。计算机科学领域是以图灵的计算模型为基础的。在奠定了基础后，该领域出现了许多子领域，每个子领域都为计算机进一步的研究提供了沃土。自然语言处理是计算机科学的一个子领域，汲取了图灵思想的概念基础。

所谓“图灵测试”，简而言之就是把一个人和一个机器关在两个房间，另外一个人来对他（它）提出相同的问题。如果提问者通过得到的答案无法区分哪个是人、哪个是机器的话，那么就可以认为机器通过了测试，具有了“智能”。

为什么说图灵测试的提出是 NLP 发展的起点？因为要想避免非智能决定因素的影响，提问者不能通过声音来提问，而是通过类似写纸条的方式；而且得到的答案也必须是采用类似于写在打印纸上等方式来传递给提问者。这样，机器要想正确回答问题，首先就需要去“理解”提问者的问题。

图灵的工作导致了其他计算模型的产生，如 McCulloch-Pitts 神经元。McCulloch-Pitts 神经元是对人类神经元进行建模，具有多个输入，并且只有组合输入超过阈值时才产生输出。

紧随这些计算模型之后的是史蒂芬·科尔·克莱尼（Stephen Cole Kleene）在有限自动机和正则表达式方面的工作，这些工作在计算语言学和理论计算机科学中发挥了重要作用。

香农在有限自动机中引入概率，使这些模型在语言模糊表示方面变得更加强大。这些具有概率的有限自动机基于数学中的马尔可夫模型，它们在自然语言处理的下一个重大发展中起着至关重要的作用。

诺姆·乔姆斯基（Noam Chomsky）采纳了香农的观点，其在形式语法方面的工作产生了主要影响，形成了计算语言学。乔姆斯基使用有限自动机描述形式语法，他按照生成语言的语法定义了语言。基于形式语言理论，语言可以被视为一组字符串，并且每个字符串可以被视为由有限自动机产生的符号序列。

在构建这个领域的过程中，香农与乔姆斯基并肩作战，对自然语言处理的早期工作产生了另一个重大的影响。特别是香农的噪声通道模型，对语言处理中概率算法的发展至关重要。在噪声通道模型中，假设输入由于噪声变得模糊不清，则必须从噪声输入中恢复原始词。在概念上，香农对待输入就好像输入已经通过了一个嘈杂的通信通道。基于该模型，香农使用概率方法找出输入和可能词之间的最佳匹配。

1956 年以前，可以看作自然语言处理的基础研究阶段。由于来自机器翻译的社会需求，这一时期进行了许多自然语言处理的基础研究，诞生了一个叫作“形式语言理论”的新领域。这一时期，虽然诸如贝叶斯方法、隐马尔可夫、最大熵、支持向量机等经典理论和算法也均有提出，但自然语言处理领域的主流仍是基于规则的理性主义方法。

2. 诞生、发展期（1957—1970 年）

1957 年自然语言处理快速发展的一个原因是：1956 年被称为人工智能的元年，那一年召开了达特茅斯会议，首次正式提出了“人工智能”。

自然语言处理在这一时期很快融入人工智能的研究领域中。由于有基于规则和基于概率这两种不同方法，自然语言处理的研究在这一时期分为两大阵营：一个是基于规则方法的符号派（symbolic），另一个是基于概率方法的随机派（stochastic）。

从 20 世纪 50 年代中期到 60 年代中期，以乔姆斯基为代表的符号派学者开始了形式语言理论和生成句法的研究，60 年代末又进行了形式逻辑系统的研究。也就是说，形式语言理论是处理编程语言的工具，是编译器的重要组成部分。没有这个理论，就没有今天的各种编程语言。

而随机派学者采用基于贝叶斯方法的统计学研究方法，在这一时期也取得了很大的进步。但由于在人工智能领域中，这一时期多数学者注重研究推理和逻辑问题，只有少数来自统计学专业和电子专业的学者在研究基于概率的统计方法和神经网络，基于规则方法的研究势头明显强于基于概率方法的研究势头。

3. 低速发展期（1971—1993 年）

1971—1983 年这一时期由四种范式主导。

（1）随机方法，特别是在语音识别系统中。在语音识别和解码方面，随机方法被应用到了噪声通道模型的早期工作，马尔可夫模型被修改成为隐马尔可夫模型，进一步表示模糊性和不确定性。在语音识别的发展中，AT & T（美国电话电报公司）的贝尔实验室、IBM 的托马斯 J. 沃森（Thomas J. Watson）研究中心和普林斯顿大学的国防分析研究所都发挥了关键作用。这一时期，随机方法开始占据主导地位。

（2）符号方法作出了重要贡献，自然语言处理是继经典符号方法后的另一个发展方向。这个研究领域可以追溯到最早的人工智能工作，包括 1956 年由麦卡锡、明斯基、香农和内森尼尔・罗彻斯特（Nathaniel Rochester）组织的达特茅斯大会，这个会议创造了“人工智能”这个名词。

在所建立的系统中，AI 研究人员开始强调所使用的基本推理和逻辑，如纽厄尔和西蒙的逻辑理论家（Logic Theorist）系统和一般求解器系统（General Problem Solver）。为了使这些系统“合理化”它们的方式，给出解决方案，系统必须通过语言来“理解”问题。因此，在这些 AI 系统中，自然语言处理成为一个应用，这样就可以允许这些系统通过识别输入问题中的文本模式回答问题。

（3）基于逻辑的系统使用形式逻辑这种方式来表示语言处理中所涉及的计算，主要的贡献包括：阿兰・科尔默劳尔（Alain Colmerauer）及其同事在变形语法方面的工作，费尔南多・佩雷拉（Fernando Pereira）和戴维・沃伦（David Warren）在确定子句语法方面的工作，凯・马丁（Kay Martin）在功能语法方面的工作，琼安・布鲁斯南（Joan Bresnan）和罗恩・卡普兰（Ron Kaplan）在词汇功能语法（LFG）方面的工作。

20 世纪 70 年代，随着特里・威诺格拉德（Terry Winograd）的 SHRDLU 系统的诞生，自然语言处理迎来了它最具有生产力的时期。SHRDLU 系统是一个仿真系统，在该系统中，机器人将积木块移动到不同的位置。机器人响应来自用户的命令，将适合的积木块移动到彼此的顶部。例如，如果用户要求机器人将蓝色块移动到较大的红色块顶上，那么机器人将成功地理解并遵循该命令。这个系统将自然语言处理推至一个新的复杂程度，指向更高级的解析使用方式。解析不是简单地关注语法，而是在意义和话语的层面上使用，这样才能允许系统更成功地解释命令。

同样，耶鲁大学的罗杰・尚克（Roger Schank）及其同事在系统中建立了更多有关意义的概念知识。尚克使用诸如脚本和框架这样的模型来组织系统可用的信息。例如，如果系统应该回答有关餐厅订单的问题，那么应该将与餐厅相关联的一般信息提供给系统。脚本可以捕获与已知场景相关联的典型细节信息，系统将使用这些关联回答关于这些场景的问题。其他系统，如 LUNAR（用于回答关于月亮岩石的问题），将自然语言理解与基于逻辑的方法相结合，使用谓词逻辑作为语义表达式。因此，这些系统结合了更多的语义知识，扩展了符号方法的能力，使其从语法规则扩展到语义理解。

（4）在芭芭拉・格罗兹（Barbara Grosz）的工作中，最有特色的是话语建模范式，她和同事引入并集中研究话语和话语焦点的子结构，而坎迪斯·西德纳（Candace Sidner）引入首语重复法。霍布斯等其他研究者也在这一领域作出了贡献。

20 世纪 80 年代和 90 年代初，随着早期想法的再次流行，有限状态模型等符号方法得以继续发展。在自然语言处理的早期，人们初步使用这些模型后，就对它们失去了兴趣。卡普兰和凯在有限状态语音学和词法学方面的研究以及丘奇在有限状态语法模型方面的研究，带来了它们的复兴。

在这一时期，人们将第二个趋势称为“经验主义的回归”。这种方法受到 IBM 的沃森研究中心工作的高度影响，这个研究中心在语音和语言处理中采用概率模型。与数据驱动方法相结合的概率模型，将研究的重点转移到了对词性标注、解析、附加模糊度和语义学的研究。经验方法也带来了模型评估的新焦点，为评估开发了量化指标。其重点是与先前所发表的研究进行性能方面的比较。

4. 复苏融合期（1994—1999 年）

这一时期的变化表明，概率和数据驱动的方法在语音研究的各个方面（包括解析、词性标注、参考解析和话语处理的算法）成了 NLP 研究的标准。它融合了概率，并采用从语音识别和信息检索中借鉴来的评估方法。这一切都与计算机速度和内存的快速增长相契合，计算机速度和内存的增长让人们可以在商业中利用各种语音和语言处理子领域的发展，特别是包括带有拼写和语法校正的语音识别子区域。同样重要的是，Web 的兴起强调了基于语言的检索和基于语言的信息提取（information extraction，IE）的可能性和需求。

20 世纪 90 年代中期以后，有两件事从根本上促进了自然语言处理研究的复苏与发展：一件事是 90 年代中期以来，计算机的速度大幅提升、存储量大幅增加，为自然语言处理打下了物质基础，使语音和语言处理的商品化开发成为可能；另一件事是 1994 年互联网商业化和同期网络技术的发展使基于自然语言的信息检索和信息抽取的需求变得更加突出。

5. 机器学习的兴起期（2000 年至今）

从 20 世纪 90 年代末到 21 世纪初，人们逐渐认识到，仅用基于规则或统计的方法是无法成功进行自然语言处理的。基于统计、实例和规则的语料库技术在这一时期开始蓬勃发展，各种处理技术开始融合自然语言处理的研究再次繁荣。

以下是 2000 年之后的几个里程碑事件。

2001 年——神经语言模型。

2008 年——多任务学习。

2013 年——Word 嵌入。

2013 年——NLP 的神经网络。

2014 年——序列到序列模型。

2015 年——注意力机制。

2015 年——基于记忆的神经网络。

2018 年——预训练语言模型。

2020 年——GPT-3 模型。

2023 年——大型多模态模型 GPT-4。

进入 21 世纪以后，自然语言处理又有了突飞猛进的变化。2006 年，以辛顿为首的几位科学家历经近 20 年的努力，终于成功设计出第一个多层神经网络算法——深度学习。这是一种将原始数据通过一些简单但是非线性的模型转变成更高层次、更加抽象表达的特征学习方法，一定程度上解决了人类处理“抽象概念”这个亘古难题。目前，深度学习在机器翻译、问答系统等多个自然语言处理任务中均取得了不错的成果，相关技术也被成功应用于商业化平台中。

4.1.3 自然语言处理技术

1. 自然语言处理技术的发展历程

自然语言处理是包括计算机科学、语言学、心理认知学等一系列学科的一门交叉学科，这些学科性质不同但又相互交叉。最早的自然语言理解方面的研究工作是机器翻译。1949 年，美国人威弗首先提出了机器翻译设计方案。20 世纪 60 年代，国外对机器翻译曾有大规模的研究工作，耗费了巨额费用，但人们当时显然是低估了自然语言的复杂性，语言处理的理论和技术均不成熟，所以进展不大。

近年自然语言处理在词向量（word embedding）表示、文本的 encoder（编码）和 decoder（反编码）技术以及大规模预训练（pre-trained）模型上的方法极大地促进了自然语言处理的研究。

自然语言处理技术的发展历程如图 4-2 所示。

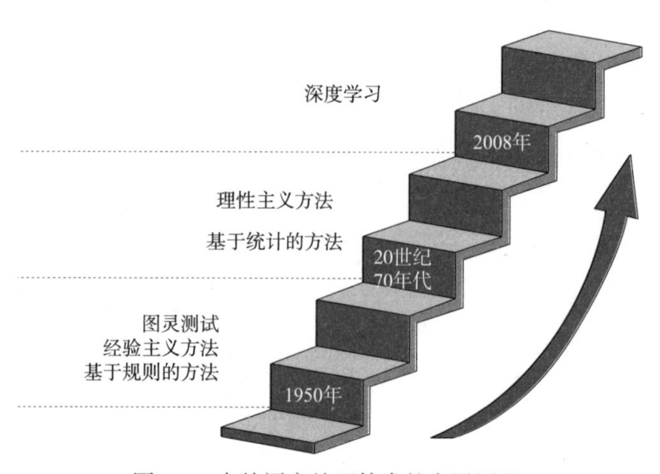

图 4-2　自然语言处理技术的发展历程

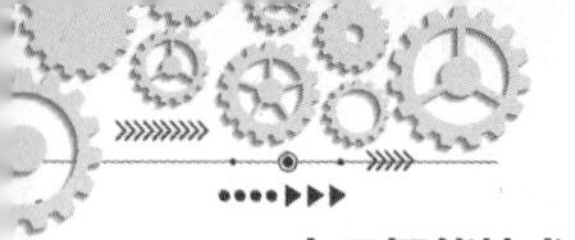

1）20 世纪 50 年代到 70 年代——采用基于规则的方法

1950 年，图灵提出了著名的“图灵测试”，这一般被认为是自然语言处理思想的开端，20 世纪 50 年代到 70 年代，自然语言处理主要采用基于规则的方法，研究人员认为自然语言处理的过程和人类学习认知一门语言的过程是类似的，所以大量的研究人员基于这个观点来进行研究，这时的自然语言处理停留在理性主义思潮阶段，以基于规则的方法为代表。但是基于规则的方法具有不可避免的缺点，首先规则不可能覆盖所有语句，其次这种方法对开发者的要求极高，开发者不仅要精通计算机，还要精通语言学，因此，这一阶段虽然解决了一些简单的问题，但是无法从根本上将自然语言理解实用化。

2）20 世纪 70 年代到 21 世纪初——采用基于统计的方法

20 世纪 70 年代以后随着互联网的高速发展，丰富的语料库成为现实以及硬件不断更新完善，自然语言处理思潮由经验主义向理性主义过渡，基于统计的方法逐渐代替了基于规则的方法。

提到统计自然语言处理，就不得不提到弗莱德里克·贾里尼克（Frederek Jelinek，1932—2010），他是世界著名的语音识别和自然语言处理的专家，20 世纪 70 年代在 IBM 工作期间，他提出了基于统计的语音识别的框架，这个框架结构对至今的语音和语言处理有着深远的影响，它从根本上使语音识别有实用的可能。基于统计的自然语言处理方法，在数学模型上和通信几乎是完全相同的。因此，从数学意义上说，自然语言处理和语言的初衷——通信联系在了一起。正是贾里尼克和他的团队在 20 世纪 70 年代的工作，开了统计自然语言处理的先河。他不仅是世界著名的自然语言处理专家，而且培养出了一大批世界一流的自然语言处理学者。令人敬佩的是，他真正地工作到了生命的最后一刻，最后是在实验室突发急病去世的。贾里尼克和他领导的 IBM 华生实验室是推动这一转变的关键，他们采用基于统计的方法，将当时的语音识别率从 70% 提升到 90%。在这一阶段，自然语言处理基于数学模型和统计的方法取得了实质性的突破，从实验室走向实际应用。

3）2008 年到 2019 年——深度学习的 RNN、LSTM、GRU

从 2008 年到现在，在图像识别和语音识别领域的成果激励下，人们也逐渐开始引入深度学习来做自然语言处理研究，由最初的词向量到 2013 年的 word2vec，将深度学习与自然语言处理的结合推向高潮，并在机器翻译、问答系统、阅读理解等领域取得了一定成功。深度学习是一个多层的神经网络，从输入层开始，经过逐层非线性的变化得到输出。从输入到输出做端到端的训练。把输入到输出对的数据准备好，设计并训练一个神经网络，即可执行预想的任务。RNN 已经是自然语言处理最常用的方法之一，GRU、LSTM 等模型相继引发一轮又一轮的热潮。

深度学习是机器学习的一大分支，在自然语言处理中需应用深度学习模型，如卷积神经网络、循环神经网络等，通过对生成的词向量进行学习，以完成自然语言分类、理解的过程。与传统的机器学习相比，基于深度学习的自然语言处理技术具备以下优势。

（1）深度学习能够以词或句子的向量化为前提，不断学习语言特征，掌握更高层次、更加抽象的语言特征，满足大量特征工程的自然语言处理要求。

（2）深度学习无须专家人工定义训练集，可通过神经网络自动学习高层次特征。

4）自然语言处理最新进展

近年来，预训练语言模型在自然语言处理领域有了重要进展。预训练模型指的是首先在大规模无监督的语料上进行长时间的无监督或者是自监督的预先训练，获得通用的语言建模和表示能力。之后在应用到实际任务上时对模型不需要做大的改动，只需要在原有语言表示模型上增加针对特定任务获得输出结果的输出层，并使用任务语料对模型进行少许训练即可，这一步骤被称作微调（fine tuning）。

自 ELMo（Embeddings from Language Models，语言模型嵌入）、GPT（Generative Pre-trained Transformer，生成型预训练变换器）、BERT（Bidirectional Encoder Representations from Transformers，来自变换器的双向编码器表征量）等一系列预训练语言表示模型（Pre-trained Language Representation Model）出现以来，预训练模型在绝大多数自然语言处理任务上都展现出了远远超过传统模型的效果，受到越来越多的关注，是 NLP 领域近年来最大的突破之一，是自然语言处理领域的最重要进展。

可以粗略地将 NLP 技术的发展分为四个阶段，使用四个词来形容它们，分别是：缘起、探索、重生、飞跃。

缘起：人们一般认为，1950 年，图灵发表的《计算机器与智能》文章标志着 NLP 技术的开始。这篇文章最重要的价值之一，就是提出了一种后来被称为“图灵测试”的试验。通过图灵测试，人们可以判断一个机器是否具有智能。

探索：从 1950 年开始到 20 世纪 70 年代，人们一直受直觉启发（现在来看，称之为“误导”或许更加准确），试图用计算机模拟人脑的方式来研究 NLP 技术，这种方法后来被称为“鸟飞派”，本意是指试图通过仿生学的研究来让人类飞上天空的那批人所采取的方法，后来延伸为受直觉影响，在惯性思维的误导下而采取的不正确的研发方法。

重生：1970 年以后，以贾里尼克为首的 IBM 科学家们采用了统计的方法来解决语音识别的问题，最终使准确率有了质的提升。至此，人们才纷纷意识到原来的方法可能是行不通的，采用统计的方法才是一条正确的路。

飞跃：在确定了以统计学方法为解决 NLP 问题的“主武器”后，再加上计算能力的提升，有了深度学习技术加持的 NLP 也迎来了其飞速发展的阶段，在某些任务上的表现甚至已经超过人类。

2. 自然语言处理关键技术

自然语言处理技术是所有与自然语言的计算机处理有关的技术的统称，其目的是使计算机理解和接受人类用自然语言输入的指令，完成从一种语言到另一种语言的翻译功能。

自然语言处理技术的研究，可以丰富计算机知识处理的研究内容，推动人工智能技术的发展。下面我们就来了解和分析自然语言处理的关键技术。

1）模式匹配技术

模式匹配技术主要是计算机将输入的语言内容与其内已设定的单词模式和输入表达式之间相匹配的技术。如计算机的辅导答疑系统，当用户输入的问题在计算机的答疑库里找到相匹配的答案时，就会实现自动回答问题的功能。但是不能总是保证用户输入的问题得到相应的回答，于是这种简单匹配式答疑系统很快有了改进。答疑库中增加了同义词和反义词，当用户输入关键词的同义词或反义词时，计算机同样能完成答疑，这种改进后的系统被称为模糊匹配式答疑系统。

2）语法驱动的分析技术

语法驱动的分析技术是指通过语法规则，如词形词性、句子成分等规则，将输入的自然语言转化为相应的语法结构的技术。这种分析技术可分为上下文无关文法、转换文法、ATN（扩充转移网络）文法。上下文无关文法是最简单并且应用最为广泛的语法，其规则产生的语法分析树可以翻译大多数自然语言，但由于其处理的词句无关上下文，所以对于某些自然语言的分析是不合适的。转换文法克服了上下文无关文法中存在的一些缺点，其能够利用转换规则重新安排分析树的结构，既能形成句子的表层结构，又能分析句子的深层结构。但其具有较大的不确定性。ATN 文法扩充了转移网络，加入测试集合和寄存器，它比转移文法更能准确地分析输入的自然语言，但也具有复杂性、脆弱性、低效性等缺点。

3）语义文法

语义文法的分析原理与语法驱动相似，但其具有更大的优越性。语义文法分析是对句子的语法和语义的共同分析，能够弥补语法驱动分析中单一对语法分析带来的不足。它能够根据句子的语义，将输入的自然语言更通顺地表达出来，除去一些语法正确但不合语义的翻译。但是语义文法分析仍然有不容忽视的缺点，其分析的语句有时会出现不合语法的现象，并且这类分析较为复杂，语义类难以确定、语义的规则太多等，因此，语义文法技术仍需要改进措施。

4）格框架约束分析技术

格框架是由一个头部和一组辅助概念组成的，头部一般由主要动词构成，辅助概念也称“域”，以某种规范形式与头部相连。格框架定义规定了与头部相应的必有格、随意格和禁止格。在进行格框架约束分析时，输入的自然语言被转化为格内容，它既结合了语法驱动分析技术和语义文法分析技术的优点，又能够克服语义文法中不合文法的现象，解决语句的多义性问题，是计算机语言研究中的重大发展之一。

5）系统文法

系统文法是从多个层次分析自然语言的分析方法，它强调句子的整体结构。其主要从

语法、语义和语音等层次来分析自然语言。每一层次又有三种不同的分析，分别为功用说明、特征说明和成分结构分析。系统文法可以根据自然语言的功能特性和成分来分析自然语言，但也有系统结构复杂等缺点。

6）功能文法

功能文法是对句子的完全功能描述，它描述了自然语言的特征组合、功能分配、词语成分顺序，是一种既可以用于分析、也可以用于生成的文法。功能文法的分析形式是分析自然语言的主动句规则、主谓一致规则，构成相应的字典入口形式。有一种与功能文法相似的文法系统为词功能文法，它则更强调词典的功能。

7）故事文法

故事文法的研究显示计算机翻译输入的自然语言时，不仅从语句的语法、语义、结构的角度，还能够从整个故事的情节发展的角度将信息整合得准确、到位。但此类文法一般只适用于处理较为简单、文体较为形式化的故事描述，对于一些情节较为复杂的故事，则不一定能够精确描述。这种技术仍然有待进一步发展研究。

4.1.4 自然语言处理应用场景

自然语言处理在不断发展，今天已经有很多方面应用到它。大多数情况下，你会在不知不觉中接触到自然语言处理。几乎所有与文字语言和语音相关的应用都会用到自然语言处理，下面举一些具体的例子。

1. 机器翻译

打破语言界限，用自动翻译工具帮助人类进行跨民族、跨语种、跨文化的交流，这是人类自古以来就一直追寻的伟大梦想。机器翻译属于自然语言信息处理的一个分支，是能够将一种自然语言自动生成另一种自然语言又无须人类帮助的计算机系统。目前，谷歌翻译、百度翻译及搜狗翻译等人工智能行业巨头推出的翻译平台逐渐凭借其翻译的高效性和准确性占据了翻译行业的主导地位。

人们在日常工作学习中，经常会翻阅一些外文文献，由于语言上的差异，在阅读外文时会比较吃力，而机器翻译帮助人们解决了这个问题。机器翻译是利用计算机将一种自然语言[又称源语言（source language，SL）]转换为另一种自然语言[又称目标语言（target language，TL）]的过程。它不仅局限于语言翻译，还包括外国人名音译/反音译、文字转语音、电话转译/自动口译、同音字自动辨识选取、自动作曲/作词/伴奏/和弦、多媒体情境呈现、剧本转动画、中文对联自动产生等。机器翻译可以追溯到20世纪三四十年代，但由于30年代技术水平还很低，用于翻译的机器没能制成。随着第一台现代电子计算机ENIAC的诞生，信息论先驱威弗于1949年发表《翻译备忘录》，正式提出了机器翻译的思想。到20世纪末，机器翻译走过了开创期、受挫期、恢复期的曲折道路。21世纪以来，随着互联网的普及，数据量激增，统计方法得到充分应用。互联网公司纷纷成立机器翻译研究组，研发了基于互联网大数据的机器翻译系统，从而使机器翻译真正走向实用，如“百度翻译”和“谷歌翻译”等。我国在机器翻译上取得了前所未有的成就，相继推出了一系列机器翻译软件，如“译星”“雅信”“通译”等。在市场需求的推动下，商用机器翻译系统进入实用化阶段，来到了用户面前。随着自然语言处理的进展，机器翻译技术得到了进一步的发展，促进了翻译质量的快速提高，在口语等领域的翻译更加地道、流畅。随着经济全球化及互联网的飞速发展，机器翻译在促进政治、经济、文化交流等方面起到了越来越重要的作用。

2. 垃圾邮件过滤

目前，垃圾邮件过滤器已成为抵御垃圾邮件的第一道防线。不过，有许多人在使用电子邮件时遇到过这些问题：不需要的电子邮件仍然被接收，重要的电子邮件被过滤掉。事实上，判断一封邮件是否垃圾邮件，首先用到的方法是“关键词过滤”，如果邮件存在常见的垃圾邮件关键词，就会被判定为垃圾邮件。但这种方法效果很不理想，一是正常邮件中也可能有这些关键词，非常容易误判；二是将关键词进行变形，就很容易规避关键词过滤。

自然语言处理通过分析邮件中的文本内容，能够相对准确地判断邮件是否为垃圾邮件。贝叶斯垃圾邮件过滤是备受关注的技术之一，它通过学习大量的垃圾邮件和非垃圾邮件，收集邮件中的特征词生成垃圾词库和非垃圾词库，然后根据这些词库的统计频数计算邮件属于垃圾邮件的概率，以此来进行判定。

3. 信息提取

信息提取的目标是将文本信息转化为结构化信息，起初用于定位自然语言文档中的特定信息，属于自然语言处理的一个子领域。随着网页文本信息的急剧增长，越来越多的人投入信息提取领域的研究。

网页文本信息具有非结构化特征和无序性，因此一般只能采用全文检索的方式查找。但是网页中充斥着大量的无关信息，如广告和无关链接以及其他内容，有用信息和无用信息混杂在一起，给网页信息的检索带来极大的困难。

4. 文本情感分析

文本情感分析，又称意见挖掘、倾向性分析。简单而言，文本情感分析是对带有情感色彩的主观性文本进行分析、处理、归纳和推理的过程，挖掘人们的观点和情绪，评估对诸如产品、服务、组织等实体的态度。这些评论信息表达了人们的各种情感色彩和情感倾向性，如喜、怒、哀、乐、批评、赞扬等，用户可以通过浏览这些主观色彩的评论来了解大众舆论对于某一事件或产品的看法。例如，一个人想购买某款产品，他可以不再局限于征求自己朋友或家人的意见，因为互联网（如论坛）中有很多用户的评论和对产品的讨论，可以从中找到问题的答案，甚至可能还会有令人意想不到的收获。互联网（如博客和论坛以及社会服务网络如大众点评）上产生了大量的用户参与的对于诸如人物、事件、产品等有价值的评论信息。这些评论信息表达了人们的各种情感色彩和情感倾向性。基于此，潜在的用户就可以通过浏览这些主观色彩的评论来了解大众舆论对于某一事件或产品的看法。

2000年以来，情感分析已经成长为自然语言处理中最活跃的研究领域之一，它的快速发展得益于网络社交媒体的崛起，如淘宝的产品评论、微博、微信、论坛等。目前，情感分析在数据挖掘、Web挖掘、文本挖掘和信息检索方面得到广泛的研究，已经从计算机科学延伸到管理科学和社会科学，如市场营销、金融、政治、通信、医疗，甚至历史。例如，政府部门可以通过情感分析监控舆情趋势，对虚假消息及时辟谣，避免恶性事件发生，维护社会稳定。

5. 自动问答

随着互联网的普及，互联网上的信息越来越丰富，现在人们能够通过搜索引擎方便地得到自己想要的各种信息。比较有名的搜索引擎有百度、谷歌等。无论哪方面的内容，这些搜索引擎都能帮助人们快速地找到相关的网页。用户只需输入一些关键字，它们马上就会搜索出相关的网页。但是这些传统的搜索引擎存在很多不足之处，主要有三个方面：一是相关性信息太多，检索结果不够简洁。传统的搜索引擎返回的相关网页太多，用户很难快速、准确地定位到所需的信息。例如，用户在谷歌上输入几个关键字，它有可能返回成千上万个网页，用户将浪费很多时间在这些网页中查找自己所需要的信息。二是以关键词的逻辑组合来表达检索需求，表达得不够准确。这是因为人们的检索需求往往是非常复杂而特殊的，是无法以几个关键词的简单组合来表达的，这样用户都没有将自己的检索意图表达清楚，搜索引擎自然也就没有办法找出令用户满意的答案了。三是以关键词为基础的索引、匹配算法尽管简单易行，但毕竟停留在语言的表层，而没有触及语义，缺乏语义处理技术的支撑，因此检索效果很难进一步提高。

正是由于传统的搜索引擎存在缺点，这些用户需求催生了自动问答系统（Question and Answering System，QA系统）。另外，自然语言处理领域的分词技术、属性抽取等知识的发展和成熟，为自动问答系统的问世奠定了坚实的基础。自动问答是指利用计算机自动回答用户所提出的问题以满足用户知识需求的任务，在回答用户问题时，首先要正确理解用户所提出的问题，抽取其中关键的信息，在已有的语料库或者知识库中进行检索、匹配，将获取的答案反馈给用户。

自动问答系统是指能够对人类自然语言进行识别，并准确回答人类所提出的问题的机器人。如图4-3所示的智能语音机器人。

自动问答系统经过不同时代技术人员的不断探索和设计，有了不同时代对应的产物，具体如表4-1所示。

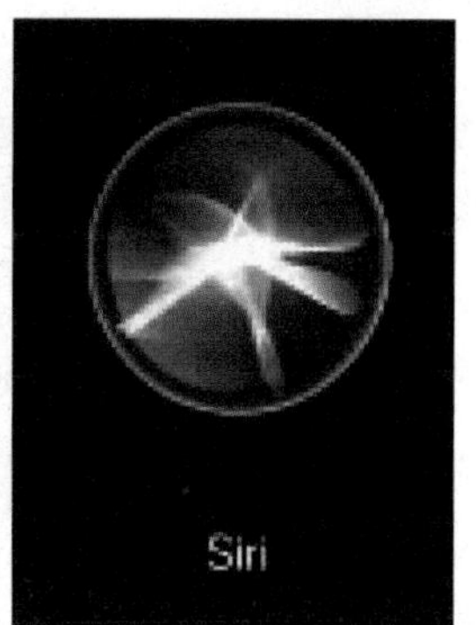

图 4-3　智能语音机器人

表 4–1　问答系统发展对照表

不同时期自动问答系统的发展	代表作品或时间
图灵测试（QA 系统的蓝图）	1950 年
早期的 QA 系统	BASEBALL（1961 年），LUNAR（1973 年）
可对话的系统	ELIZA（1966 年），SHRDLU（1971 年，GUS（1977 年）
阅读理解系统	SAM（1970 年）
基于大规模文档集的问答	START（1993 年至今）

1）GPT

GPT 是一种基于 Transformer 模型的预训练语言模型，由 OpenAI 发布。它通过大规模的自监督学习来学习语言的统计规律，能够在各种自然语言处理任务上取得优异表现。

（1）特点。

①大规模预训练：GPT 采用无监督学习的方式进行预训练，使用大量的文本语料进行模型的训练。在预训练完成后，模型可以通过微调适应不同的任务。

②基于 Transformer：GPT 使用了 Transformer 模型，这是一种基于自注意力机制的模型。它可以处理不同长度的输入，同时在计算时只考虑输入序列本身，避免了传统 RNN 模型的梯度消失问题。

③生成能力强：GPT 是一种生成模型，能够生成连贯、自然的语言文本。通过生成模型，可以实现文本自动生成、对话系统等自然语言处理任务。

④集成多个模型：GPT-2、GPT-3 等版本中包含多个不同大小的模型，从小到大的不同版本可以处理不同的任务。

（2）基本原理。GPT 模型的核心是 Transformer 模型，它使用了自注意力机制和残差连接，实现了高效的并行计算和信息流动。GPT 采用了一种无监督学习的方式进行训练，主要分为两个阶段：预训练和微调。

①在预训练阶段，GPT 使用大量的文本语料对模型进行训练，目的是让模型学习语言的统计规律。具体来说，GPT 使用了两种预训练任务：MLM（Masked Language Modeling，带掩码机制的语言模型）和 NSP（Next Sentence Prediction，下句预测）。

MLM 任务是指将输入序列中的一部分单词随机地替换为 [MASK] 标记，模型需要根据上下文预测这些被替换的单词。NSP 任务是指给定两个连续的句子，模型需要判断它们是否是相邻的两个句子。这两个任务可以让模型学习到单词和句子的关系，从而提升模型的表现。

②在微调阶段，GPT 通过有监督的学习方式对模型进行微调，以适应不同的自然语言处理任务。在微调过程中，GPT 模型将通过反向传播算法更新模型参数，最终得到适用于特定任务的模型。

以上是 GPT 的特点和基本原理，通过这些机制，GPT 可以自动学习文本中的语言规律和特征，具有很强的文本生成和自然语言理解能力，因此被广泛应用于自然语言处理领域。

2）ChatGPT

ChatGPT（Chat Generative Pre-trained Transformer）是美国人工智能研究实验室 OpenAI 研发的聊天机器人程序，于 2022 年 11 月 30 日发布。ChatGPT 是美国 OpenAI 新推出的一种人工智能技术驱动的自然语言处理工具，使用了 Transformer 神经网络架构，也是 GPT-3.5 架构，这是一种用于处理序列数据的模型，拥有语言理解和文本生成的能力，尤其是它会通过连接大量的语料库来训练模型，这些语料库包含真实世界中的对话，使得 ChatGPT 具备上知天文、下知地理，还能根据聊天的上下文进行互动的能力，做到与真正人类几乎无异的聊天场景进行交流。ChatGPT 不单是聊天机器人，还能进行撰写邮件、视频脚本、文案、翻译、代码等任务。

与常见的 GPT 系列模型相比，ChatGPT 增加了一种全新的机制，可以让它生成更精确、更可靠的文本。具体来说，它可以在输入的信息中找到与已有知识图谱相符合的信息，从而补全或者解决问题。想要理解 ChatGPT 这款对话机器人，需要倒叙理解 InstructGPT、GPT-3、GPT-2、GPT、Transformer，以及在此之前的自然语言处理领域常用的 RNN 模型。

2017 年，谷歌大脑团队（Google Brain）在神经信息处理系统大会（NeurIPS，该会议为机器学习与人工智能领域的顶级学术会议）发表了一篇名为 *Attention Is All You Need*(《自我注意力是你所需要的全部》) 的论文。作者在文中首次提出了基于自我注意力机制（self-attention）的 Transformer 模型，并首次将其用于理解人类的语言，即自然语言处理。

在这篇文章面世之前，自然语言处理领域的主流模型是循环神经网络。循环神经网络模型的优点是，能更好地处理有先后顺序的数据，如语言，但也因为如此，这种模型在处理较长序列，如长文章、书籍时，存在模型不稳定或者模型过早停止有效训练的问题（这是由于模型训练时的梯度消失或梯度爆炸现象而导致，在此不具体展开），以及训练模型时间过长（因必须顺序处理数据，无法并行训练）的问题。

2017 年提出的 Transformer 模型，则能够同时进行数据计算和模型训练，训练时长更短，并且训练得出的模型可用语法解释，也就是模型具有可解释性。

这个最初的 Transformer 模型，一共有 6 500 万个可调参数。谷歌大脑团队使用了多种公开的语言数据集来训练这个最初的 Transformer 模型。这些数据集包括 2014 年英语 - 德语机器翻译研讨班（WMT）数据集（有 450 万组英德对应句组），2014 年英语 - 法语机器翻译研讨班数据集（有 3 600 万英法对应句组），以及宾夕法尼亚大学树库语言数据集中的部分句组（取了来自《华尔街日报》的 4 万个句子，以及另外在该库中选取 1 700 万个句子）。而且，谷歌大脑团队在文中提供了模型的架构，任何人都可以用其搭建类似架构的模型来并结合自己手上的数据进行训练。

经过训练后，这个最初的 Transformer 模型在包括翻译准确度、英语成分句法分析等各项评分上都达到了业内第一，成为当时最先进的大型语言模型（Large Language Model，LLM）。大型语言模型发展主要大事记如图 4-4 所示。

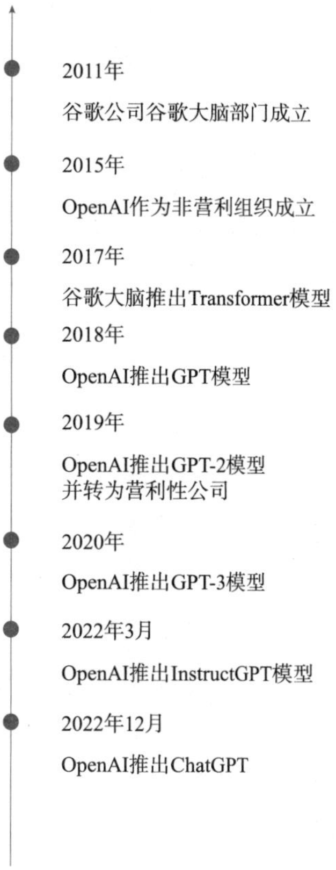

2011年
谷歌公司谷歌大脑部门成立

2015年
OpenAI作为非营利组织成立

2017年
谷歌大脑推出Transformer模型

2018年
OpenAI推出GPT模型

2019年
OpenAI推出GPT-2模型
并转为营利性公司

2020年
OpenAI推出GPT-3模型

2022年3月
OpenAI推出InstructGPT模型

2022年12月
OpenAI推出ChatGPT

图 4-4　大型语言模型发展主要大事记

Transformer 模型自诞生的那一刻起，就深刻地影响了接下来几年人工智能领域的发展轨迹。短短的几年里，该模型的影响已经遍布人工智能的各个领域——从各种各样的自然语言模型到预测蛋白质结构的 AlphaFold2 模型，用的都是它。

ChatGPT 这一技术在多个领域都有广泛的应用，如智能客服、智能问答、在线教育、金融和医疗等领域。目前，ChatGPT 已经应用在多个实际场景中，取得了显著的效果。

在智能客服和智能问答方面，ChatGPT 可以帮助企业和机构实现自动化客服和问答，提高服务质量和效率。它可以根据用户的提问，快速地给出准确、全面的解答，并且不断优化自己的答案，以提供更好的用户体验。

在在线教育方面，ChatGPT 可以帮助学生更快地找到答案，提高学习效率。它可以根据学生的问题，自动为其提供相关的知识点、案例和练习题，从而帮助学生更全面、更深入地掌握知识。

ChatGPT 的出现将极大地拓展人工智能在自然语言处理方面的应用范围，并有望提升智能化系统的智能水平和用户体验。它的应用将会促进各个领域的数字化和智能化进程，提升系统的效率和服务质量。

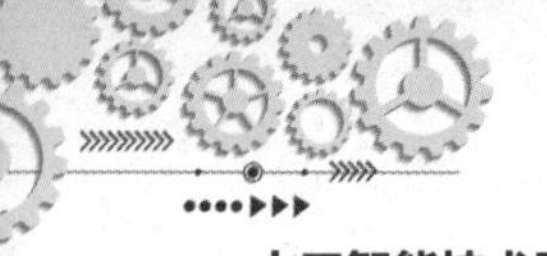

中国科学院自动化研究所与百度公司合作开发了中国版ChatGPT——CLUE-GPT。相比英文原版，CLUE-GPT具有更好的中文语言处理能力，可以更准确、更完整地理解和表达中文信息。

随着CLUE-GPT的不断推广和应用，我们将会看到更多基于中文的智能化系统和应用出现，如智能客服、智能问答、智能翻译、智能金融等领域，都将受益于CLUE-GPT的研发和应用。这将极大地促进中国数字化和智能化进程，提升我国的科技创新能力和竞争力。

文心一言（ERNIE Bot）是百度全新一代知识增强大语言模型，文心大模型家族的新成员，能够与人对话互动，回答问题，协助创作，高效便捷地帮助人们获取信息、知识和灵感。文心一言基于飞桨深度学习平台和文心知识增强大模型，持续从海量数据和大规模知识中融合学习具备知识增强、检索增强和对话增强的技术特色。2023年3月20日，百度官微消息称文心一言云服务于3月27日上线。

6. 个性化推荐

自然语言处理可以依据大数据和历史行为记录，学习用户的兴趣爱好，预测用户对给定物品的评分或偏好，实现对用户意图的精准理解，同时对语言进行匹配计算，实现精准汇配。例如，在新闻服务领域，通过用户阅读的内容、时长、评论等偏好，以及社交网络甚至是所使用的移动设备型号等，综合分析用户所关注的信息源及核心词汇，进行专业的细化分析，从而进行新闻推送，实现新闻的个人定制服务，最终提升用户黏性。

4.2 自然语言理解

什么是语言和语言理解？自然语言理解与人类的哪些智能有关？自然语言理解研究是如何发展的？自然语言的计算机系统是如何组成的？它们的模型为何？等等。这是研究自然语言理解时感兴趣的问题。

4.2.1 语言与语言理解

谈论NLP，首先需要从“语言”入手。今天，世界上已查明的语言超过5 000种，这些语言支撑着人们的日常交流与工作沟通。毫不夸张地说，正是语言的出现，才使人类进化成比其他动物更高级的存在。

首先，了解一下什么是自然语言。自然语言是人类社会发展过程中自然产生的语言，是最能体现人类智慧和文明的产物，也是大猩猩与人的区别（2019斯坦福cs224n， lesson1)。它是一种人与人交流的载体，像计算机网络一样，我们使用语言传递知识，人类语言产生是非常近的事情，大约在 10 万年前。根据书写文字的年代推断，语言早于书写，书写出现在 5 000 年前，如大家所熟知的甲骨文距今约 3 600 年。

语言是很神奇的东西，只需要短短几个符号，你就可以在脑海里重现一幅图、一个场景。语言是思维的载体，是人类交流思想，表达情感最自然、最直接、最方便的工具，人类历史上以语言文字形式记载和流传的知识占知识总量的 80% 以上。自然语言简称为语言，通常是指一种自然地随文化演化的语言。它是人们交际的符号和规则的系统。其中，符号是指语言中的词汇，无论是声音语言还是书面语言，词汇都是符号，规则是指由词汇组成句子的规定。语言的主要作用是作为交际工具，人们利用它来标志事物、进行沟通，以达到互相理解的目的。语言的种类有很多，如汉语、英语、日语、法语等。语言的作用只有被表达后才能显示出来，如听、说、读、写等。因此，语言的基本形式主要有两种，分别是口语表达出来的声音语言和文字书写出来的书面语言。

要研究自然语言理解，首先必须对自然语言的构成有一个基本认识。语言是音义结合的词汇和语法体系，是实现思维活动的物质形式。语言是一个符号体系，但与其他符号体系又有所区别。

语言是以词为基本单位的，词汇又受到语法的支配才可构成有意义、可理解的句子，句子按一定的形式再构成篇章等。词汇又可分为词和熟语。熟语就是一些词的固定组合，如汉语中的成语。词又由词素构成，如“教师”由“教”和“师”这两个词素构成。同样在英语中“teacher”也是由“teach”和“er”这两个词素构成。词素是构成词的最小的、有意义的单位。“教”这个词素本身有教育和指导的意义，而“师”则包含“人”的意义。同样，英语中的“er”也是一个表示“人”的后缀。

语法是语言的组织规律。语法规则制约着如何把词素构成词、词构成词组和句子。语言正是在这种严密的制约关系中构成的。用词素构成词的规则被称为构词规则，如教 + 师→教师，teach+er → teacher。一个词又有不同的词形、单数、复数、阴性、阳性和中性等。这种构造词形的规则被称为构形法，如教师 + 们→教师们，teacher+s → teachers。这里只是在原来的词后面加上一个复数意义的词素，所构成的并不是一个新的词，而是同词的复数形式。构形法和构词法被称为词法。语法中的另一部分就是句法。句法也可分成两部分：词组构造法和造句法。词组构造法是词搭配成词组的规则，如红 + 铅笔→红铅笔，red+pencil → red pencil，这里“红”是一个修饰铅笔的形容词，它与名词“铅笔”组合成了一个新的名词。造句法则是用词或词组造句的规则，“我是计算机科学系的学生”，这是按照汉语造句法构造的句子，“I am a student in the department of computer science”是英语造句法产生的同等句子。虽然汉语和英语的造句法不同，但它们都是正确和有意义的句子。图 4-5 就是上述构造的一个完整的图解。

语言是音义结合的，每个词汇都有其语音形式。一个词的发音由一个或多个音节组合

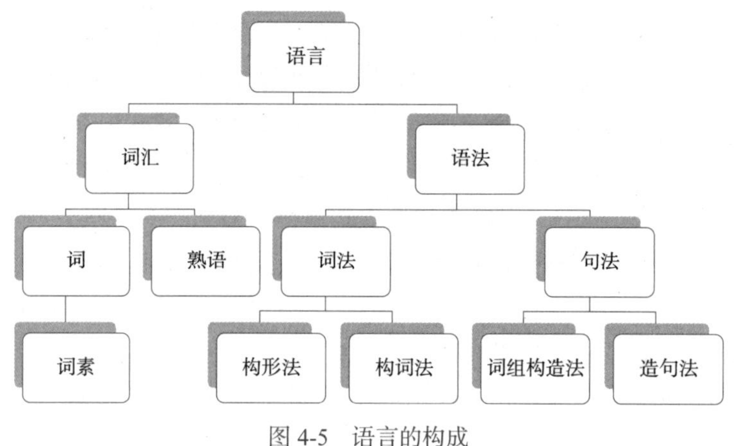

图 4-5　语言的构成

而成，音节又由音素构成，音素分为元音音素和辅音音素。自然语言中所涉及的音素并不多，一种语言一般只有几十个音素。由一个发音动作所构成的最小的语音单位就是音素。

迄今为止，对语言理解尚无统一和权威的定义，按照考虑问题角度的不同而有不同的解释。从微观上讲，语言理解是指从自然语言到机器（计算机系统）内部之间的一种映射。从宏观上看，语言理解是指机器能够执行人类所期望的某些语言功能。这些功能包括回答有关提问、提取材料摘要、不同词语叙述、不同语言翻译。

然而，对自然语言的理解却是一个十分艰难的任务。即使建立一个只能理解片言断语的计算机系统，也是很不容易的。这中间存在着大量极为复杂的编码和解码问题。一个能够理解自然语言的计算机系统就像一个人那样需要上下文知识以及根据这些知识和信息进行推理的过程。自然语言不仅存在语义、语法和语音问题，而且存在模糊性等问题。具体地说，自然语言理解的困难是由下列三个因素引起的：目标表示的复杂性；映射类型的多样性；源表达中各元素间交互程度的差异性。

下面先列举一些机器不容易理解的案例：

1. 校长说衣服上除了校徽别别别的。
2. 最近几天天天天气不好。
3. 看见西门吹雪点上了灯，叶孤城冷笑着说：“我也想吹吹吹雪吹过的灯。”然后就吹灭了灯。
4. 今天多得谢逊出手相救，在这里我想真心感谢“谢谢谢逊大侠出手”。
5. 灭霸把美队按在地上一边摩擦一边给他洗脑，被打残的钢铁侠说：灭霸爸爸叭叭叭叭儿的在那叭叭啥呢。
6. 姑姑你估估我鼓鼓的口袋里有多少谷和菇。
7. “你看到王刚了吗”“王刚刚刚刚走”。
8. 张杰陪两女儿跳格子：俏俏我们不要跳跳跳跳过的格子啦！

那么对于机器来说，NLU 难点大致可以归为以下五类。

难点 1：语言的多样性。

自然语言没有什么通用的规律，你总能找到很多例外的情况。

另外，自然语言的组合方式非常灵活，字、词、短语、句子、段落等不同的组合可以表达出很多的含义。例如：

我要听大王叫我来巡山。
给我播大王叫我来巡山。
我想听歌大王叫我来巡山。
放首大王叫我来巡山。
给唱一首大王叫我来巡山。
放音乐大王叫我来巡山。
放首歌大王叫我来巡山。
给大爷来首大王叫我来巡山。

难点 2：语言的歧义性。

如果不联系上下文，缺少环境的约束，语言有很大的歧义性。例如：

我要去拉萨：
需要火车票?
需要飞机票?
想听音乐?
还是想查找景点?

难点 3：语言的鲁棒性。

自然语言在输入的过程中，尤其是通过语音识别获得的文本，会存在多字、少字、错字、噪声等问题。例如：

大王叫我来巡山。
大王叫让我来巡山。
大王叫我巡山。

难点 4：语言的知识依赖。

语言是对世界的符号化描述，语言天然连接着世界知识，例如：

大鸭梨，除了表示水果，还可以表示餐厅名。
7 天，可以表示时间，也可以表示酒店名。
晚安，有一首歌也叫《晚安》。

难点 5：语言的上下文。

上下文的概念包括很多种：对话的上下文、设备的上下文、应用的上下文、用户画像，等等。例如：

U：买张火车票。
A：请问你要去哪里？
U：宁夏。
U：来首歌听。
A：请问你想听什么歌？
U：宁夏。

NLU（natural language understanding，自然语言理解）是所有支持机器理解文本内容的方法模型或任务的总称，包括分词、词性标注、句法分析、文本分类 / 聚类、信息抽取 / 自动摘要等任务，简单来说，就是希望计算机能够像人一样，具备正常的语言理解能力。

举个“订机票”的例子。对于订机票这件事情，我们可以有很多种表达方式：

有去上海的航班吗？
订一张机票去上海，下周二出发。
下周二要出差上海，帮我看下机票。
我要搭最近的飞机去上海。
……

可以说，自然语言对于“订机票”的表达是无穷多的，而这对于计算机来说是一种巨大的挑战。在没有引入人工智能前，计算机只能基于规则去识别意图。比如将“订机票”作为关键词，如果文本中没有该关键词，将无法准确识别用户的意图。或者只要出现了关键词，比如“我要退订机票”，那么也会被处理成用户想要订机票。

而自然语言理解的目的就是准确识别用户的意图。自然语言理解这个技能出现后，可以让机器从各种自然语言的表达中区分出来，哪些话归属于这个意图，哪些表达不是归于这一类的，而不再依赖那么死板的关键词。如经过训练后，机器能够识别“帮我推荐一家附近的餐厅"，就不属于"订机票"这个意图的表达。并且，通过训练，机器还能够在句子当中自动提取出来"上海"，这两个字指的是目的地这个概念（即实体）；"下周二"指的是出发时间。这样一来，看上去"机器就能听懂人话啦！"

自然语言理解跟整个人工智能的发展历史类似，一共经历了三次迭代。

（1）基于规则的方法：通过总结规律来判断自然语言的意图，常见的方法有 CFG（上下文无关文法）、JSGF（JSpeech Grammar Format）等。

（2）基于统计的方法：对语言信息进行统计和分析，并从中挖掘出语义特征，常见的方法有 SVM、HMM、MEMM（最大熵马尔可夫模型）、CRF 等。

（3）基于深度学习的方法：CNN，RNN，LSTM，Transformer 等。

4.2.2　自然语言理解研究的进展

随着计算机技术和人工智能总体技术的发展，对自然语言的理解不断取得进展。

电子计算机的出现使自然语言理解和处理成为可能。由于计算机能够进行符号处理，所以有可能应用计算机来处理和理解语言。

机器翻译是自然语言理解最早的研究领域。20 世纪 40 年代末期，人们期望能够用计算机翻译剧增的科技资料。美、苏两国在 1949 年开始俄—英和英—俄的机器翻译研究。由于早期研究中理论和技术存在一定的局限性，所开发的机译系统的技术水平较低，不能满足实际应用的要求。1966 年美国科学院发表的一份报告认为，全自动机译在较长时期内不会取得成功。此后，机器翻译研究工作进入低潮。

到了 20 世纪 70 年代初期，对语言理解对话系统的研究取得进展。威廉姆·伍兹（William Woods）的 LUNAR 系统、威诺格拉德的 SHRDLU 系统和尚克的 MARGIE 系统等是语言理解对话系统的典型实例。其中，SHRDLU 系统是一个限定性的人机对话系统，它把句法、语义、推理、上下文和背景知识灵活地结合于一体，成功地实现了人机对话，并被用于指挥机器人的积木分类和堆叠试验。机器人系统能够接收人的自然语言指令，进行积木的堆叠操作，并能回答或者提出比较简单的问题。

进入 20 世纪 80 年代之后，自然语言理解的应用研究广泛开展，机器学习研究又活跃起来，并出现了许多具有较高水平的实用化系统。其中比较著名的有：美国的 METAL 和 LOGOS，日本的 PIVOT 和 HICAT，法国的 ARIANE 以及德国的 SUSY 等，这些系统是自然语言理解研究的重要成果，表明自然语言理解在理论和应用上取得了突破性进展。20 世纪 80 年代以来提出和进行的智能计算机研究，也对自然语言理解提出了新的要求。近年来又提出了对多媒体计算机的研究。新型的智能计算机和多媒体计算机均要求设计出更为友好的人机界面，使自然语言、文字、图像和声音等信号都能直接输入计算机。要求计算机能以自然语言与人进行对话交流，就需要计算机具有自然语言能力，尤其是

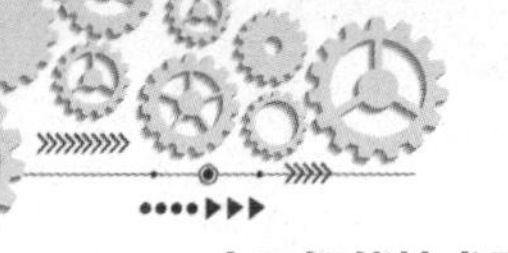

口语理解和生成能力。口语理解研究促进人机对话系统走向实用化。自然语言是表示知识最为直接的方法。因此，自然语言理解的研究也为专家系统的知识获取提供了新的途径。此外，自然语言理解的研究已促进计算机辅助语言教学（CALL）和计算机语言设计（CLD）等的发展。可以预料，21 世纪自然语言理解的研究有可能取得新的突破，并获得广泛应用。

4.2.3 自然语言理解过程的层次

自然语言理解就是研究如何让计算机理解人类自然语言的一个研究领域。从宏观上看，自然语言理解就是指使计算机能够执行人类所期望的某些语言功能，包括理解并回答人们用自然语言提出的有关问题，生成文本摘要和对文本进行释义，把一种自然语言表示的信息自动地翻译为另一种自然语言等。从微观上讲，自然语言理解是指从自然语言到机器（计算机系统）内部之间的一种映射。

语言虽然表示成一连串的文字符号或者一串声音流，但其内部实际上是一个层次化的结构，从语言的构成中就可以清楚地看到这种层次性。一个文字表达的句子由词素→词或词形→词组或句子构成，而用声音表达的句子则由音素→音节→音词→音句构成，其中每个层次都受到语法规则的制约。因此，语言的分析和理解过程也应当是一个层次化的过程。许多现代语言学家把这一过程分为三个层次：词法分析、句法分析和语义分析。如果接收到的是语音流，那么在上述三个层次之前还应当加入一个语音分析层。虽然这种层次之间并非是完全隔离的，但是这种层次化的划分的确有助于更好地体现语言本身的构成。

1. 语音分析

语音分析是指通过语音识别等核心技术将非结构化的语音信息转换为结构化的索引，实现对海量录音文件、音频文件的知识挖掘和快速检索。在有声语言中，最小的独立声音单位是音位。语音分析师根据音位规则从语音流中区分出一个个独立的音位，再根据音位形态规则找出音节及其对应的词素或词。语音分析常被用于语音编码压缩，形成各种中速、低速编码的新方案。例如，子带编码、交换编码、自适应预测编码、多脉冲激励线性预测编码、码激励线性预测编码等。人们日常生活中常用的语音识别也是基于语音分析的结果，进行参数的分类与识别，运用不同的参数，可以得到不同的识别结果。利用语音分析技术还可以设计制造用于发音的各种矫正仪器，可供发音器官疾病的治疗或聋哑人发音训练等使用。

2. 词法分析

词法分析的主要任务是找出词汇的各个词素，从中获取语言信息。在英语等语言中，由于词与词之间是用空格分隔的，所以找出句子中的词汇非常容易。但若要找出各个词素则较为复杂，如单词 unchangeable，它可以是 un-change-able，也可以是 unchange-able。这是由于 un、change、able 都是词素。而在汉语中找出词素较为容易，因为汉语中每个字都是一个词素。与英语相反，在汉语中切分各个词汇较为困难。例如“我们研究所有计算机”，在切分词汇时可以是“我们 - 研究所 - 有 - 计算机”，也可以是“我们 - 研究 - 所有 - 计算机”。

通过词法分析可以从词素中获得很多语言学信息。例如，英语中词尾的词素“s”通常表示名词复数或动词第三人称单数，“ed”通常是动词的过去时或过去分词，“ly”是副词的后缀等。与此同时，一个词还可以变化出许多别的词，如 work，可以变化出 works、worked、working、worker 等。这些信息对于词法分析非常重要。

3. 句法分析

句法分析是对句子和短语的结构进行分析。在语言自动处理的研究中，句法分析的研究是最为集中的，这与乔姆斯基的贡献是分不开的。自动句法分析的方法很多，有短语结构语法、格语法、扩充转移网络、功能语法等。句法分析的最大单位就是一个句子。分析的目的就是找出词、短语等的相互关系以及各自在句子中的作用等，并以一种层次结构来加以表达。这种层次结构可以是从属关系、直接成分关系，也可以是语法功能关系。

4. 语义分析

对于语言中的实词而言，每个词都用来称呼事物，表达概念。句子是由词组成的，句子的意义与词义是直接相关的，但也不是词义的简单相加。“我打他”和“他打我”的词是完全相同的，但表达的意义是完全相反的。因此，还应当考虑句子的结构意义。英语中 a red table（一张红色的桌子），它的结构意义是形容词在名词之前修饰名词，但在法语中却不同，one table rouge（一张桌子红色的），形容词在被修饰的名词之后。语义分析就是通过分析找出词义、结构意义及其结合意义，从而确定语言所表达的真正含义或概念。在语言自动理解中，语义越来越成为一个重要的研究内容。

4.3　自然语言生成

4.3.1　自然语言生成是什么

NLG（natural language generation，自然语言生成）是 NLP 的重要组成部分，是一个自动将结构化数据转换为人类可读文本的软件过程，是为了跨越人类和机器之间的沟通鸿沟，将非语言格式的数据转换成人类可以理解的语言格式，如文章、报告等。

NLG 是 NLP 的重要组成部分。NLU 负责理解内容，NLG 负责生成内容。以智能音箱为例，当用户说“几点了？”，首先需要利用 NLU 技术判断用户意图，理解用户想要什

么，然后利用NLG技术说出“现在是6点50分”。

4.3.2 NLG的分类

按照输入信息的类型，自然语言生成可以分为三类：文本到文本生成（text - to - text）、数据到文本生成（data - to - text）和图像到文本生成（image - to - text）。

其中，文本到文本生成又可划分为机器翻译、摘要生成、文本简化、文本复述等；数据到文本生成的任务常应用于基于数值数据生成BI（Business Intelligence，商业智能）报告、医疗诊断报告等；在图像到文本生成的应用领域中，常见的是通过新闻图像生成标题、通过医学影像生成病理报告、儿童教育中看图讲故事等。

1. 文本到文本生成

文本到文本生成技术主要是指以文本作为输入，进行变换处理后，生成新的文本作为输出。

2. 数据到文本生成

数据到文本生成是NLG的重要研究方向，以包含键值对的数据作为输入，旨在自动生成流畅的、贴近事实的文本以描述输入数据。数据到文本生成被广泛应用于包括基于面向任务的对话系统中的对话动作、体育比赛报告和天气预报等。基于流水线模型的数据到文本生成系统框架，目前被广泛应用于面向多个领域的数据到文本的生成系统中。

国内关于数据到文本的生成的研究大多是基于模板，通过人工添加数据进行生成。随着神经网络的发展，数据到文本生成领域中基于神经网络序列生成的方法逐步成为热点。数据到文本生成是从输入的数据中选择合适的子集并用自然语言进行描述的过程，主要使用基于规则的方法和基于数据驱动的方法。基于规则的方法本质是事先设计并构造相应的规则或模板，将输入的信息作为字符串嵌入模板中以替代变量。基于数据驱动的方法从语料和相关数据库中自动学习内容并选择规则，不需要专家参与，但需要庞大的训练数据支撑，实际使用中常借助神经网络语言模型或神经机器翻译来实现。当前，数据到文本生成主要用于体育、财经、气象和医疗等领域，一般是撰写各种数据和图表的分析报告或者新闻稿件。其在军事领域的典型应用主要有数据报告生成、基于数据库的智能问答、战场监视等。

3. 图像到文本生成

图像到文本生成是指根据输入的图像，生成描述图像内容的自然语言文本。如新闻图像附带的标题、医学图像附属的说明等，此项技术能为缺乏相关知识或阅读障碍的人群提供便利。

从视觉空间或多模态空间中生成图像描述的做法是，在分析图像内容的基础上，使用语言模型来生成图像的描述。由于此方法利用了深度学习技术，可以满足为多种图像生成新的描述的任务需求，生成文本的相关性和准确性较之前方法有所提升，因此，基于深度学习的生成式图像描述是目前研究的热点。生成式图像描述大致分为基于多模态空间的图文生成、基于生成对抗网络的图文生成、基于强化学习的图文生成。

自然语言生成系统通常在不同阶段使用不同的生成技术达到生成结果符合实际需求的目的。下面介绍几种常用的文本生成方法。

1）模板生成方法

模板生成是最早应用于自然语言生成领域的一种方法。该方法通过将词汇和短句在模板库中匹配，将词汇和短语填入固定模板，从而生成自然语言文本，其本质是系统根据可能出现的几种语言情况，事先设计并构造相应的模板，每个模板都包括一些常量和变量，用户输入信息之后，文本生成器将输入的信息作为字符串嵌入模板中替代变量。模板生成方法的优点是思路较简单、用途较广泛，但技术存在的缺陷使得生成的自然语言文本质量不高，且不易维护。该技术多应用于较简单的自然语言生成环境中。

2）模式生成方法

模式生成是一种基于修辞谓语来描述文本结果的方法。这种方法通过语言学中修辞谓词来描述文本结构的规律，构建文本的骨架，从而明确句子中各个主体的表达顺序。此方法表示的文本结构中一般包括五种类型的节点：Root、Schema、Predicate、Argument 以及 Modifier。这五种节点中，Root 为结构树的根节点，表示一篇文章位于根节点下有若干个 Schema 节点，Schema 节点表示段落或者句群，位于 Schema 节点下的是 Schema 节点或者 Predicate 节点，Predicate 节点代表一个句子，句子是文本的基本组成单位。位于 Predicate 节点下的是 Argument 节点，每个 Argument 节点表示句子中的每一个基本语义成分。如果 Argument 节点有修饰成分，那么子节点 Modifier 就发挥语义成分的修饰作用。在结构树中，树的叶子节点是 Argument 或 Modifier，树中每个节点都含有若干个槽，用来存放标志的各种信息以供文本生成使用。

模式生成方法的最大优点是通过填入不同的语句和词汇短语即能生成自然语言文本，较易维护，生成的文本质量较高。其不足是只能用于固定结构类型的自然语言文本，难以满足多变的需求。

3）修辞结构理论方法

修辞结构理论（Rhetorical Structure Theory，RST）方法来源于修辞结构理论的引申，是关于自然语言文本组织的描述性理论。RST 包含 Nucleus Satellite 和 Multi-Nucleus 两种模式。Nucleus Satellite 模式将自然语言文本分为核心部分和附属部分，核心部分是自然语言文本表达的基本命题，而附属部分表达附属命题，多用于描述目的、因果、转折和背景等关系；Multi-Nucleus 模式涉及一个或多个语段，它没有附属部分，多用于描述顺序、并列等关系。RST 方法的优点是表达的灵活性很强，但实现起来较为困难，且存在不易建立文本结构关系的缺陷。

4）属性生成方法

属性生成是一种较复杂的自然语言生成方法，其通过属性特征来反映自然语言的细微变化。例如，生成的句子是主动语气还是被动语气，语气是疑问、命令还是声明，都需要属性特征表示。此方法要求输出的每一个单元都与唯一具体的属性特征集相连，通过属性特征值与自然语言中的变化对应，直到所有信息都能被属性特征值表示为止。该方法的优点是通过增加新的属性特征值完成自然语言文本内容的扩展，但需要细粒度的语言导致维护较为困难。

以上四种方法在NLG的发展过程中具有十分重要的作用，虽然这些方法存在一定不足，但仍具有较高的应用价值。

4.3.3 NLG过程

NLG过程是指将非自然语言形式的数据或信息转换为自然语言（例如英语、汉语等）的过程。下面是一般的NLG过程。

第一步：内容确定。

作为第一步，NLG系统需要决定哪些信息应该包含在正在构建的文本中，哪些不应该包含。通常数据中包含的信息比最终传达的信息要多。

第二步：文本结构。

确定需要传达哪些信息后，NLG系统需要合理地组织文本的顺序，根据输入的数据创建一个文本计划，该计划包括从哪里开始、使用哪些单词和短语以及如何组织这些单词和短语来生成自然的语言文本。例如在报道一场篮球比赛时，会优先表达“什么时间”“什么地点”“哪两支球队”，然后再表达“比赛的概况”，最后表达“比赛的结局”。

第三步：句子聚合。

不是每一条信息都需要一个独立的句子来表达，将多个信息合并到一个句子里表达可能会更加流畅，也更易于阅读。

第四步：语法化。

当每一句的内容确定下来后，就可以将这些信息组织成自然语言了。这个步骤会在各种信息之间加一些连接词，使其看起来更像是一个完整的句子。

第五步：参考表达式生成。

这个步骤跟语法化很相似，都是选择一些单词和短语来构成一个完整的句子。不过它跟语法化的本质区别在于“REG（参考表达式生成）需要识别出内容的领域，然后使用该领域（而不是其他领域）的词汇”。

第六步：语言实现。

当所有相关的单词和短语都已经确定时，需要将它们组合起来形成一个结构良好的完整句子。

总的来说，NLG 过程是一个由多个阶段组成的复杂过程，需要注意的是，NLG 系统不仅需要理解所提供的数据，而且需要产生具有语言意义、符合语法和语义规则的文本。这需要结合深度学习和传统的语言学方法，例如使用神经网络、递归神经网络和转换器，来生成自然的语言文本。

自然语言生成通常被分为以下三个层次。

（1）简单的数据合并。该层次的 NLG 旨在生成短语和句子，通常用于回答问题或作出简单的回应。语法和语义规则在此层次是非常重要的，因为生成的文本需要准确地表达所需信息。

（2）模板化的 NLG。这一层次的 NLG 将主要关注段落以及整个文档的生成。例如：新闻报道、产品描述或概述等。在此层次上，NLG 可能会使用一些预定义的模板来保证生成内容的结构沿袭惯例，但也将考虑自然流畅的语言表达和基本语义。

（3）高级 NLG。此层级需要更复杂的文本生成技能，能够生成包含多个段落和章节的完整文档，例如长篇文章、报告或小说。在此层次上，NLG 系统需要综合考虑许多方面，如情节、角色发展、主题以及深度复杂的语言技巧，以创造一个生动且有情感表达的故事或论述。这种形式的自然语言生成就像人类一样，它理解意图，添加智能，考虑上下文，并将结果呈现在用户可以轻松阅读和理解的富有洞察力的叙述中。

4.4　实战演示

分词就是将连续的字序列按照一定的规范重新组合成语义独立词序列的过程。中文分词是中文文本处理的一个基础步骤，也是中文人机自然语言交互的基础模块。在英文的行文中，单词之间是以空格作为自然分界符的，不同于英文的是，中文句子中没有词的界限。中文只有字、句和段能通过明显的分界符来简单划界，唯独词没有一个形式上的分界符，虽然英文也同样存在短语的划分问题，不过在词这一层上，中文比英文要复杂得多、困难得多。因此在进行中文自然语言处理时，通常需要先进行分词，分词效果将直接影响词性、句法树等模块的效果。当然分词只是一个工具，场景不同，要求也不同。

4.4.1　提出问题

在很多情况下，会遇到这样的问题：对于一篇给定文章，希望统计其中多次出现的词语，进而概要分析文章的内容。在对网络信息进行自动检索和归档时，也会遇到同样的问

题，这就是“词频统计”问题。

从思路上看，词频统计只是累加问题，即对文档中每个词设计一个计数器，词语每出现一次，相关计数器加 1。如果以词语为键，计数器为值，构成 <单词>:<出现次数> 的键值对，将很好地解决该问题。这就是字典类型的优势。

下面，采用字典来解决词频统计问题。该问题的 IPO（输入、处理和输出）描述如下。

输入：从文件中读取一篇文章。

处理：采用字典数据结构统计词语出现频率。

输出：文章中最常出现的单词及出现次数。

《三国演义》是中国古典四大名著之一，作者是元末明初的小说家罗贯中。该书描写了从东汉末年到西晋初年之间近 105 年的历史风云，以描写战争为主，反映了东汉末年的群雄割据混战和魏、蜀、吴三国之间的政治和军事斗争。

《三国演义》是一部鸿篇巨制，里面出现了几百个各具特色的人物。人们读这部经典作品时往往会想一个问题：全书这些人物谁出场最多?

4.4.2 分析问题

目前中文分词难点主要有以下三个。

1. 分词标准

如人名，在哈尔滨工业大学社会计算与信息检索研究中心研发的“语言技术平台”（LTP）的标准中，姓和名是分开的，但在 HanLp 中是合在一起的，这需要根据不同的需求制定不同的分词标准。

2. 歧义

对同一个待切分字符串存在多个分词结果。歧义又分为组合型歧义、交集型歧义和真歧义三种类型。

（1）组合型歧义：分词是有不同的粒度的，指某个词条中的一部分也可以切分为一个独立的词条。比如“中华人民共和国”，粗粒度的分词就是“中华人民共和国”，细粒度的分词可能是“中华 / 人民 / 共和国”。

（2）交集型歧义：在“郑州天和服装厂”中，“天和”是厂名，是一个专有词，“和服”也是一个词，它们共用了“和”字。

（3）真歧义：即便本身的语法和语义都没有问题，采用人工切分也会产生同样的歧义，只有通过上下文的语义环境才能给出正确的切分结果。例如，对于句子“研究生会组织活动”，既可以切分成“研究生 / 会 / 组织 / 活动”，又可以切分成“研究生会 / 组织 / 活动”。一般在搜索引擎中，构建索引和查询时会使用不同的分词算法。常用的方案是，在索引的时候使用细粒度的分词以保证召回，在查询的时候使用粗粒度的分词以保证精度。

3. 新词

新词也称未被词典收录的词，该问题的解决依赖于人们对分词技术和汉语语言结构的进一步认识。

中文分词是中文 NLP 的第一步，一个优秀的分词系统取决于足够的语料和完善的模型，很多机构和公司也都会开发和维护自己的分词系统。这里推荐的是一款完全开源、简单易用的分词工具，jieba 中文分词。其官网（https://github.com/fxsjy/jieba）提供了详细的说明文档。虽然 jieba 分词的性能并不是最优秀的，但它开源免费、使用简单、功能丰富，并且支持多种编程语言实现。

对《三国演义》小说的人物分析将围绕以下几个方面进行。

（1）没有 jieba 分词的话需要安装，使用 pip 即可安装。

（2）使用 jieba 分词算法对文档进行分词处理。

（3）将分词结果剔除停用词、标点符号、非人名等。

（4）词频统计、排序。

（5）可视化展示。

4.4.3 相关知识

中文分词的模型实现主要分为两大类：基于规则和基于统计。

基于规则是指根据一个已有的词典，采用前向最大匹配、后向最大匹配、双向最大匹配等人工设定的规则来进行分词。如对于“上海自来水来自海上”这句话，使用前向最大匹配，即从前向后扫描，使分出来的词存在于词典中并且尽可能长，则可以得到“上海/自来水/来自/海上”。这类方法思想简单且易于实现，对数据量的要求也不高。当然，分词使用的规则可以设计得更复杂，从而使分词效果更理想。但是由于中文博大精深、语法千变万化，很难设计足够全面而且通用的规则，并且具体的上下文语境、词语之间的搭配组合也都会影响到最终的分词结果，这些挑战都使基于规则的分词模型并不能很好地满足需求。

基于统计是从大量人工标注语料中总结词的概率分布以及词之间的常用搭配，使用有监督学习训练分词模型。对于“上海自来水来自海上”这句话，一个最简单的统计分词想法是，尝试所有可能的分词方案，因为任何两个字之间，要么需要切分，要么无须切分。对于全部可能的分词方案，根据语料统计每种方案出现的概率，然后保留概率最大的一种。很显然，“上海/自来水/来自/海上”的出现概率比“上海自/来水/来自/海上”更高，因为“上海”和“自来水”在标注语料中出现的次数比“上海自”和“来水”更多。

其他常用的基于统计的分词模型还有 HMM 和 CRF 等，以及将中文分词视为序列标注问题（BEMS，即将每个字标注成 begin、end、middle、single 中的一个，输入字序列，输出标签序列)，进而使用有监督学习、深度神经网络等模型进行中文分词。

中文分词是中文文本处理的一个基础步骤，也是中文人机自然语言交互的基础模块，在进行中文自然语言处理时，通常需要先进行分词。

中文在基本文法上有其特殊性，具体表现在以下两方面。

(1)与英文为代表的拉丁语系语言相比，英文以空格作为天然的分隔符，而中文由于继承自古代汉语的传统，词语之间没有分隔。古代汉语中除了连绵词和人名、地名等，词通常就是单个汉字，所以当时没有分词书写的必要。而现代汉语中双字或多字词居多，一个字不再等同于一个词。

(2)在中文里，“词”和“词组”边界模糊，现代汉语的基本表达单元虽然为“词”，且以双字或者多字词居多，但由于人们认识水平的不同，对词和短语的边界很难区分。

例如:“对随地吐痰者给予处罚”,“随地吐痰者”本身是一个词还是一个短语，不同的人会有不同的标准，同样的“海上”“酒厂”等，即使是同一个人也可能作出不同判断，如果汉语真的要分词书写，必然会出现混乱，难度很大。

jieba 分词结合了基于规则和基于统计两类方法。首先基于前缀词典进行词图扫描，前缀词典是指词典中的词按照前缀包含的顺序排列，如词典中出现了“上”，之后以“上”开头的词都会出现在这一块，如“上海”，进而会出现“上海市”，从而形成一种层级包含结构。如果将词看作节点，词和词之间的分词符看作边，那么一种分词方案则对应从第一个字到最后一个字的一条分词路径。因此，基于前缀词典可以快速构建包含全部可能分词结果的有向无环图，这个图中包含多条分词路径，有向是指全部的路径都始于第一个字、止于最后一个字，无环是指节点之间不构成闭环。基于标注语料，使用动态规划的方法可以找出最大概率路径，并将其作为最终的分词结果。

1. jieba 分词

jieba 分词的主要功能有如下几种。

(1) jieba.cut：该方法接受三个输入参数：需要分词的字符串；cut_all 参数用来控制是否采用全模式；HMM 参数用来控制是否适用 HMM。

(2) jieba.cut_for_search：该方法接受两个参数：需要分词的字符串；是否使用 HMM。该方法适用于搜索引擎构建倒排索引的分词，粒度比较细。

(3)待分词的字符串可以是 unicode 或者 UTF-8 字符串、GBK 字符串。注意不建议直接输入 GBK 字符串，可能会被无法预料地误解码成 UTF-8。

(4) jieba.cut 以及 jieba.cut_for_search 返回的结构都是可以得到的 generator(生成器)，可以使用 for 循环来获取分词后得到的每一个词语(unicode)。

(5) jieb.lcut 以及 jieba.lcut_for_search 直接返回 list。

(6) jieba.Tokenizer(dictionary=DEFUALT_DICT) 新建自定义分词器，可用于同时使用不同字典，jieba.dt 为默认分词器，所有全局分词相关函数都是该分词器的映射。

jieba 提供了三种分词模式。

（1）精确模式：试图将句子最精确地切开，适合文本分析。

（2）全模式：把句子中所有可以成词的词语都扫描出来，速度非常快，但是不能解决歧义问题。

（3）搜索引擎模式：在精确模式的基础上，对长词再次切分，提高召回率，适用于搜索引擎分词。

以下代码使用 jieba 实现中文分词，使用 jieba.cut() 函数并传入待分词的文本字符串即可。使用 cut_all 参数控制选择使用全模式还是精确模式，默认为精确模式。如果需要使用搜索引擎模式，使用 jieba.cut_for_search() 函数即可。运行以下代码之后，jieba 首先会加载自带的前缀词典，然后完成相应的分词任务。

```
import jieba
list = jieba.cut(" 今天天气很好 ", cut_all=True)
#join 是 split 的逆操作
# 即使用一个拼接符将一个列表拼成字符串
print("/".join(list)) # 全模式
list = jieba.cut(" 今天天气很好 ", cut_all=False)
print("/".join(list))# 精确模式
list = jieba.cut(" 今天天气很好 ")# 默认是精确模式
print("/".join(list))
# 搜索引擎模式
list = jieba.cut_for_search(" 今天天气很好，打算开车去海边玩水 ")print("/".join(list))
```

输出结果：

```
今天 / 今天天气 / 天天 / 天气 / 很 / 好
今天天气 / 很 / 好
今天天气 / 很 / 好
今天 / 天天 / 天气 / 今天天气 / 很 / 好 / ，/ 打算 / 开车 / 去 / 海边 / 玩水
```

2. 关键词提取

jieba 实现了 TF-IDF（词频 - 逆文本频率）和 TextRank 这两种关键词提取算法，直接调用即可。只有关键词抽取并且进行词向量化之后，才可进行下一步的文本分析，可以说这一步是自然语言处理技术中文本处理最基础的一步。当然，提取关键词的前提是中文分

词，所以这里也会使用到jieba自带的前缀词典和IDF（逆文本频率）权重词典。

jieba分词中含有analyse模块，在进行关键词提取时可以使用下列代码：

```
import jieba.analyse
# 字符串前面加 u 表示使用 unicode 编码
text = u' 中国特色社会主义是我们党领导的伟大事业，全面推进党的建设新的伟大工程，是这一伟大事业取得胜利的关键所在。党坚强有力，事业才能兴旺发达，国家才能繁荣稳定，人民才能幸福安康。党的十八大以来，我们党坚持党要管党、从严治党，凝心聚力、直击积弊、扶正祛邪，党的建设开创新局面，党风政风呈现新气象。习近平总书记围绕从严管党治党提出一系列新的重要思想，为全面推进党的建设新的伟大工程进一步指明了方向。'
# 第一个参数：待提取关键词的文本
# 第二个参数：返回关键词的数量，重要性从高到低排序
# 第三个参数：是否同时返回每个关键词的权重
# 第四个参数：词性过滤，为空表示不过滤，若提供则仅返回符合词性要求的关键词
Keywords1=jieba.analyse.extract_tags(text，topK=20，withWeight=True，allowPOS=())
# 访问提取结果
for item in keywords1:
   print(item[0]，item[1]) # 分别为关键词和相应的权重
```

运行结果为：

```
党的建设 0.47331204260459014
管党 0.3919595902590164
伟大工程 0.3771404058754098
伟大事业 0.3669713918327869
才能 0.26339384065180327
治党 0.22787996150819673
党要 0.1959797951295082
从严治党 0.1959797951295082
凝心 0.1959797951295082
聚力 0.1959797951295082
直击 0.1959797951295082
坚强有力 0.19013266490163933
扶正祛邪 0.19013266490163933
```

```
推进 0.18810840444327867
政风 0.18583161138524593
全面 0.18439437791967214
党风 0.17961047004590164
新气象 0.17267839052459016
兴旺发达 0.16782157386557378
习近平 0.1624867804165574
```

修改参数：

```
# 同样是 4 个参数，但 allowPOS 默认为 ('ns', 'n', 'vn', 'v')
# 即仅提取地名、名词、动名词、动词
keywords2 = jieba.analyse.textrank(text, topK=20, withWeight=True,
                                    allowPOS=( 'ns', 'n', 'vn', 'v'))
# 访问提取结果
for item in keywords2:
  print(item[0], item[1])
```

运行结果为：

```
才能 1.0
管党 0.7999933934163805
全面 0.7325692441985737
社会主义 0.6327916888315029
围绕 0.60594603358887
总书记 0.5945625023471114
凝心 0.5840883789052874
政风 0.5792034335473362
新气象 0.5772168490112909
党风 0.572826229216519
呈现 0.5700456186486299
推进 0.5548361394986431
方向 0.5150324602730256
指明 0.5113586590717408
```

```
治党 0.5062232626208965
局面 0.4744549207999055
聚力 0.46596165707522896
积弊 0.4646149902996275
直击 0.46314922535402286
国家 0.46179235227324805
```

3. 词性标注

jieba 在进行中文分词的同时，还可以完成词性标注任务。根据分词结果中每个词的词性，可以初步实现命名实体识别，即将标注为 nr 的词视为人名，将标注为 ns 的词视为地名等。所有标点符号都会被标注为 x，因此可以根据这个方法去除分词结果中的标点符号。

```
# 加载 jieba.posseg 并取个别名，方便调用
import jieba.posseg as pseg
words = pseg.cut(" 我爱北京天安门 ")
for word, flag in words:
  # 格式化模板并传入参数
  print('%s, %s'%(word, flag))
```

运行结果为：

```
我，r
爱，v
北京，ns
天安门，ns
```

4. 字符可视化显示

Echarts 是一个由百度开源的数据可视化工具，凭借着良好的交互性、精巧的图表设计，得到了众多开发者的认可。而 Python 是一门富有表达力的语言，很适合用于数据处理。当数据分析遇上数据可视化时，pyecharts 诞生了。pyecharts 有以下特性。

（1）简洁的 API 设计，使用如丝滑般流畅，支持链式调用。

（2）囊括了 30 多种常见图表，应有尽有。

（3）支持主流 Notebook 环境，Jupyter Notebook 和 JupyterLab。

（4）可轻松集成至 Flask、Django 等主流 Web 框架。

（5）高度灵活的配置项，可轻松搭配出精美的图表。

（6）详细的文档和示例，帮助开发者更快地上手项目。

（7）多达 400 多地图文件以及原生的百度地图，为地理数据可视化提供强有力的支持。

1）pyecharts 安装

直接使用 pip 进行安装：pip install pyecharts。

2）pyecharts 生成词云图

有很多参数可以进行调整以收到精美的效果，但是，对于简单的词云图生成，只需要知道在哪边灌入数据就好了。对提取的关键词以及权重，将每个关键词的权重作为文字大小，便可以进行字符云可视化。

```
from pyecharts.charts import WordCloud
word1 = WordCloud()
#shape: 词云图轮廓，有 'circle', 'cardioid', 'diamond', 'triangle-forward', 'triangle', 'pentagon', 'star' 可选
word1.add("", keywords1, shape='diamond')
word1.render(' 词云图 1.html')
word1.render_notebook()
from pyecharts.charts import WordCloud
#from pyecharts.globals import SymbolType
word1 = WordCloud()
word1.add("", keywords2, shape='diamond')
word1.render(' 词云图 2.html')
word1.render_notebook()
```

可视化结果如图 4-6 所示。

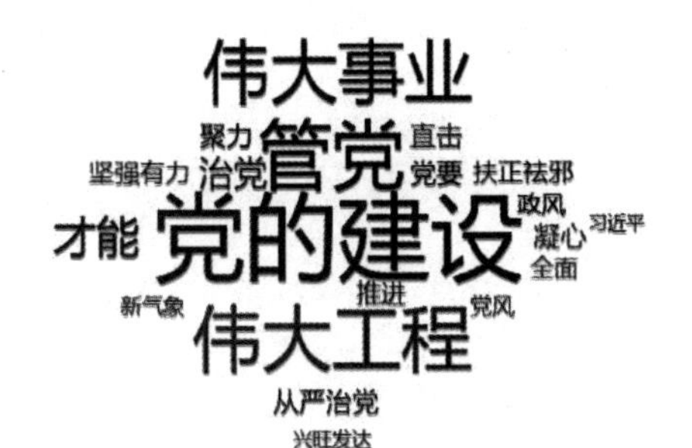

图 4-6　可视化结果

4.4.4 解决问题

1. 安装 jieba 库

Python 语言有标准库和第三方库两类库，标准库随 Python 安装包一起发布，用户可以随时使用，第三方库需要安装后才能使用。jieba 库是第三方库，不是 Python 安装包自带的，因此需要安装。第三方库依照安装方式灵活性和难易程度有三种安装方法。

（1）全自动安装：easy_install jieba 或者 pip install jieba / pip3 install jieba。

（2）半自动安装：先在 http://pypi.python.org/pypi/jieba/ 下载，解压后运行 python setup.py install。

（3）手动安装：将 jieba 目录放置于当前目录或者 site-packages 目录。

2. 获取数据，分词

分析的数据来自三国演义 .txt 文件，先读取文件中的文本数据，再利用 jieba 库中的函数进行分词，具体实现代码如下：

```
import jieba # 导入中文分词的库 jieba
# 这些都不是人物的称号，但都是出现次数比较多的，需先列出来
excludes = {"将军","却说","荆州","二人","不可","不能","如此","如何","左右","商议","主公","军士","军马","引兵","次日","大喜","天下","东吴","于是","今日","不敢","魏兵","陛下","一人","都督","人马","不知",'众将','只见','蜀兵','大叫','上马','汉中','此人'}
txt = open("./三国演义.txt", "r", encoding='utf-8').read()
words  = jieba.lcut(txt) # 用 jieba 库来中文分词
```

3. 字典存储各人物的出场次数

```
# 用字典来存储，各个人物的出场次数
counts = {}
for word in words:
  if len(word) == 1:
    continue
  # 诸葛亮 和 孔明 是同一个人
  elif word == "诸葛亮" or word == "孔明曰":
    rword = "孔明"
  elif word == "关公" or word == "云长":
```

```
        rword = "关羽"
    elif word == "玄德" or word == "玄德曰":
        rword = "刘备"
    elif word == "孟德" or word == "丞相":
        rword = "曹操"
    else:
        rword = word
    counts[rword] = counts.get(rword, 0) + 1
# 不是人物就从字典里删除
for word in excludes:
    del counts[word]
# 将字典类型的数据转化为 list 类型
items = list(counts.items())
```

4. 排序，并输出显示排名前 15 的人物名字

```
for i in range(15):
    word, count = items[i]
    t = "{0:{2}<10}{1:>5}"
    # chr(12288) 是中文字的空格
    print (t.format(word, count, chr(12288)))
```

图 4-7 为词频统计结果。

```
曹操        1429
孔明        1373
刘备        1223
关羽         779
张飞         348
吕布         300
孙权         264
赵云         255
司马懿       221
周瑜         217
后主         200
袁绍         190
夏侯         185
马超         185
魏延         177
```

图 4-7 词频统计结果

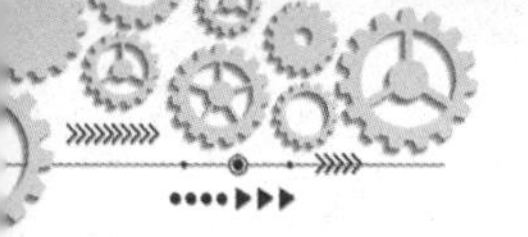

5. 生成人物词云图

```
from pyecharts.globals import CurrentConfig，NotebookType
from pyecharts import options as opts
from pyecharts.charts import WordCloud
from pyecharts.globals import SymbolType
import pandas as pd

word1 = WordCloud()
word1.add("", items[:20], shape='diamond')
word1.render_notebook()
```

生成的人物云图如图 4-8 所示，显示出现次数前 100 的词，词云形状设置为‘diamond’，具体代码为：

图 4-8　生成的人物云图

```
word1 = WordCloud()
word1.add("", items[:100], shape='diamond')
word1.render_notebook()
```

前 100 人物词云图如图 4-9 所示。

设置参数，并把结果保存生成 .html 文件，具体代码如下：

```
word1 = WordCloud()
word1.add("", items[:100],
      shape='diamond', # 词云图轮廓
      word_size_range=[20, 100], # 单词字体大小范围
```

```
    #mask_image='', # 自定义图片
    textstyle_opts=opts.TextStyleOpts(font_family='cursive') # 文字的配置
  )
word1.render( ) # 渲染生成 .html 文件，运行后的结果如图 4-10 所示
```

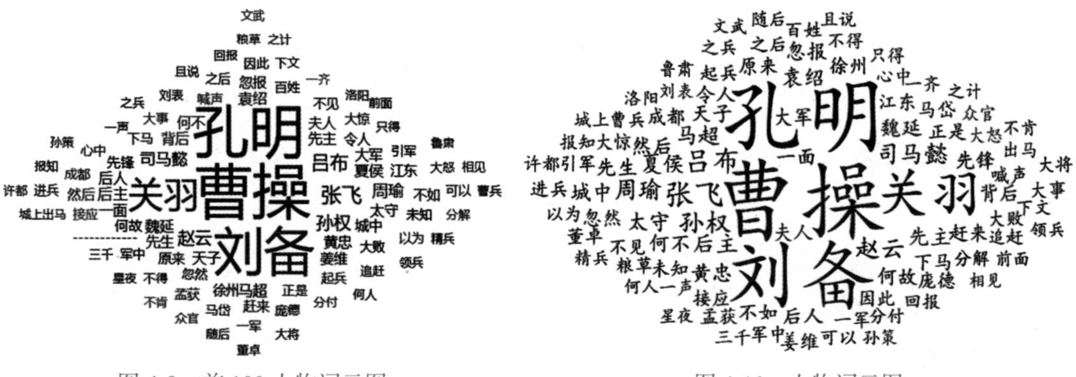

图 4-9　前 100 人物词云图　　　　图 4-10　人物词云图

6. 生成人物关系图

现有关系数据文件 node.csv、edge.csv，利用关系数据创建人物关系图。

Node 中有 ID、Lable、Weight 三个字段，edge 文件中有 Source、Target、Weight 三个字段，读取数据构造关系图中的点和边，具体代码如下：

```
import csv
# 读取 CSV 文件
with open('node.csv', 'r', encoding='utf-8') as f:
  reader = csv.reader(f)
  header = next(reader) # 读取表头
  col1, col3 = [], [] # 存储第一列和第三列数据
  for row in reader:
    col1.append(row[0])
    col3.append(row[2])
nodes=col1
nodes_size=list(map(float, col3))
# 打开 CSV 文件
with open('edge.csv', 'r', encoding='utf-8') as f:
  # 创建 CSV 阅读器对象
  reader = csv.reader(f)
```

```
        header = next(reader)
        # 获取指定列的数据
    column_data = [(row[0], row[1]) for row in reader]
    edges=column_data
    import networkx as nx
    import matplotlib.pyplot as plt

    # 构建人物关系图
    G = nx.Graph()
    # 添加节点
    for character in nodes:
        G.add_node(character)
    # 添加边
    for edge in edges:
        G.add_edge(edge[0], edge[1])
    # 绘制人物关系图
    fig, ax = plt.subplots(figsize=(10, 8)) # 设置画布大小
    #pos = nx.random_layout(G) # 定义节点的布局方式
    pos = nx.kamada_kawai_layout(G)
    nx.draw_networkx_nodes(G, pos, node_size=nodes_size)
    nx.draw_networkx_edges(G, pos)
    nx.draw_networkx_labels(G, pos, font_family='SimHei', font_size=15)
    plt.axis('off')
    plt.savefig('关系图.png', transparent=False, dpi=300, bbox_inches='tight',
facecolor='#FFFFFF') # 保存图片
    plt.show()
```

生成的关系图如图 4-11 所示。

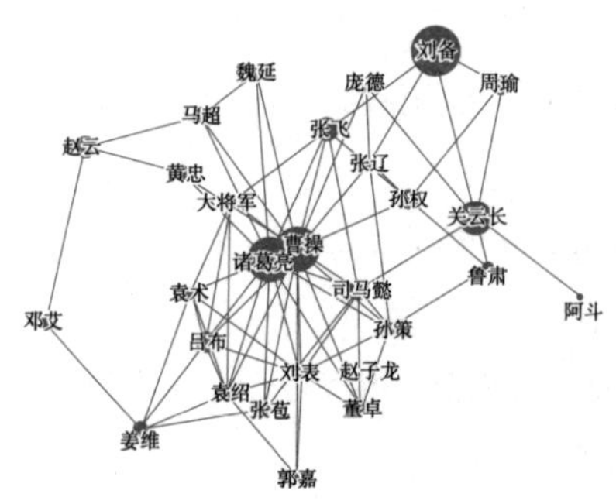

图 4-11 生成的关系图

思考与训练

一、选择题

1. 自然语言处理的英文简称是（　　）。

A. PLN　　B. NLP　　C. LPN　　D. PNL

2. 自然语言处理涉及的学科包括（　　）。

A. 语言科学　　B. 计算机科学　　C. 数学　　D. 认知学

3. 自然语言处理的发展可以分为（　　）个阶段。

A.1　　B.2　　C.3　　D.4

4. 以下不属于自然语言处理进入 21 世纪获得的成果的是（　　）。

A. 隐马尔可夫模型　　B. 序列到序列模型　　C. 注意力机制　　D. 预训练语言模型

5. 自然语言的组成包括（　　）。

A. 词法和句法　　B. 词汇和语法　　C. 词和熟语　　D. 词和词素

6. 语言的基本单位是（　　）。

A. 句子　　B. 词汇　　C. 词组　　D. 语法

7. 词汇的基本单位是（　　）。

A. 句子　　B. 短语　　C. 词　　D. 语素

8. 自然语言处理一般划分为（　　）个层次。

A.1　　B.3　　C.5　　D.7

9. 自然语言理解的英文简称是（　　）。

A.NLU　　B.NLP　　C.LNU　　D.PNL

10. 自然语言生成的英文简称是（　　）。

A.NLG　　B.NLP　　C.LGN　　D.PNL

二、案例设计

统计小说《红楼梦》中人物出场次数，并可视化结果。

第5章 人工智能技术应用案例

导读

本章主要讲述了各个领域中人工智能技术的应用案例。这些领域包括但不限于交通、家居、农业、教育、安防等，这些行业都可以通过人工智能技术来提高效率和生产力，并且可以创造更大的商业价值。本章首先是概述了人工智能技术在各行业的应用现状，接下来从目标检测、姿势识别、人脸识别等方面进行案例实战。学习人工智能技术的应用，可以帮助我们更好地认识到人工智能技术的应用价值和未来发展前景，进一步扩展我们的思维和知识视野，为未来的职业规划和学习方向提供指导和参考。

学习目标

1. 了解各个领域中人工智能技术的应用现状和发展趋势。
2. 掌握人工智能技术在不同领域中的具体案例。
3. 掌握各平台的接口应用。
4. 了解未来人工智能技术在各个领域中的应用前景以及可能带来的社会变革。

重点与难点

1. 各种经典模型的参数设置。
2. 视觉技术与深度学习模型应用。

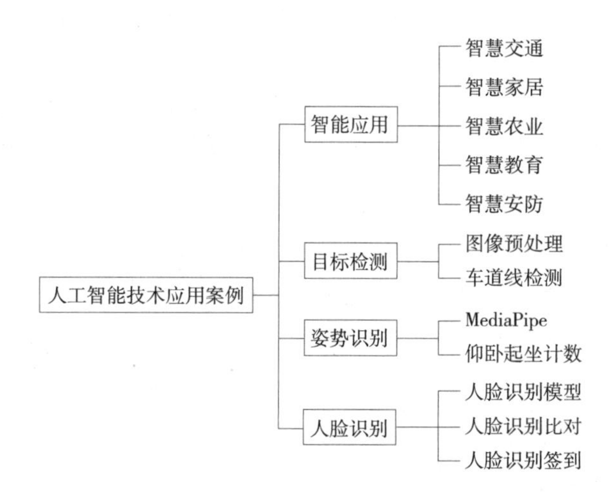

5.1　智能应用

小明在酒店办理了入住，他惊奇地发现一个机器人主动向他跑来，当他看向机器人的眼睛时，机器人竟然开口叫出了他的名字，说会引导他到房间，并请他跟随。小明好奇地跟着机器人走到了电梯旁，发现机器人还会主动呼叫电梯、指定楼层。一路上，机器人还会跟小明聊天，为他介绍当地美食与美景，一直送他到订好的房间门口，再向他友好地告别、自动离开。小明不禁感叹，科技改变生活，人工智能为人们的生活带来了翻天覆地的变化，他也决定好好学习人工智能技术。

人工智能发展迅速，随着深度学习、机器学习、自然语言处理等技术的不断提升，在各个行业中都有了广泛的应用，包括医疗健康、金融、教育、娱乐、城市管理等。未来，随着人工智能技术的普及和发展，智能应用将会更加广泛、智能化。

5.1.1 智慧交通

1. 智慧交通的概念

“智慧交通”一词起源于2008年IBM提出的“智慧地球”理念，在2010年提出的“智慧城市”愿景中，“智慧交通”被认为是智慧城市的核心系统之一。智慧交通是在智能交通系统的基础上集成物联网、大数据、云计算、人工智能等高新技术，实现人、车、路、环境四要素的全面感知、协同互联、高效服务，具备一定判断、创新、自组织能力的智慧型综合交通运输系统，是提高交通运行效率、安全性和服务质量的一种城市交通建设模式。

中国正在加速智慧城市建设，智慧城市行业市场规模将快速增长。中国智慧城市工作委员会的数据显示，2021年，中国智慧城市行业投资规模接近2万亿元人民币，到2027年，预计投资规模将接近5万亿美元。智慧交通则是智慧城市建设中的重要部分，可以通过运用大数据、人工智能等技术对城市交通进行优化和提升。

2022年7月4日，国家发改委和交通运输部印发《国家公路网规划》，规划指出：“到2035年，基本建成覆盖广泛、功能完备、集约高效、绿色智能、安全可靠的现代化高质量国家公路网。”推动智慧交通的发展，提高交通系统的智能性已成大势所趋。中国智能交通协会的数据显示，我国智能交通行业市场规模由2016年的973亿元增长至2022年的2 133亿元，预计未来我国智能交通行业仍将保持增长态势。2016—2022年我国智慧交通行业市场规模及增速如图5-1所示。

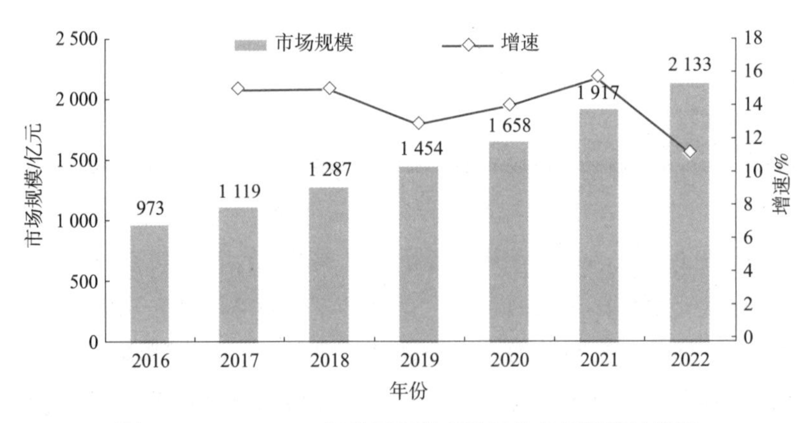

图5-1 2016—2022年我国智慧交通行业市场规模及增速

未来城市将会朝高度智慧化的方向发展，强调利用未来科技推动城市治理服务转型，实现城市高效能、包容性和可持续发展。智慧交通是未来城市建设中非常重要的组成部分，它依托智慧城市和未来科技，可以打造可感知、可运营、可管控、可服务的城市。因此，智慧交通将成为推动未来城市发展的重要力量。

2. 智慧交通的组成

智慧交通主要包括以下几个方面。

（1）智能交通管理系统。智能交通管理系统是智慧交通建设的核心，它通过对城市交通数据进行采集、传输和分析，实现对城市交通流量、拥堵状况、道路安全等情况的实时监控。智能交通管理系统包括信号控制系统、电子警察系统、无人驾驶系统等。

（2）智能交通信息平台。智能交通信息平台是智慧交通生态系统中的重要组成部分，它是一个集成了各种交通数据的信息平台。智能交通信息平台可以对城市交通数据进行统一管理，并将这些数据用于优化城市交通规划、交通组织、行车路线等方面。

（3）智能交通服务系统。智能交通服务系统是为用户提供交通服务和信息的重要平台。智能交通服务系统包括智能公交、智能导航、出租车调度等。

（4）智能交通设备。智能交通设备是智慧交通建设的基础，包括交通摄像头、交通指示标志、收费站、ETC（电子不停车收费系统）等。

（5）智能交通运营服务。智能交通运营服务是为智慧交通建设提供技术支持和运营服务的重要组成部分，包括数据分析、算法应用等方面。

总之，智慧交通包括智能交通管理系统、智能交通信息平台、智能交通服务系统、智能交通设备以及智能交通运营服务等。这些组成部分的协同作用可以实现城市交通的高效率、安全性和服务质量的提升。智慧交通系统结构如图 5-2 所示。

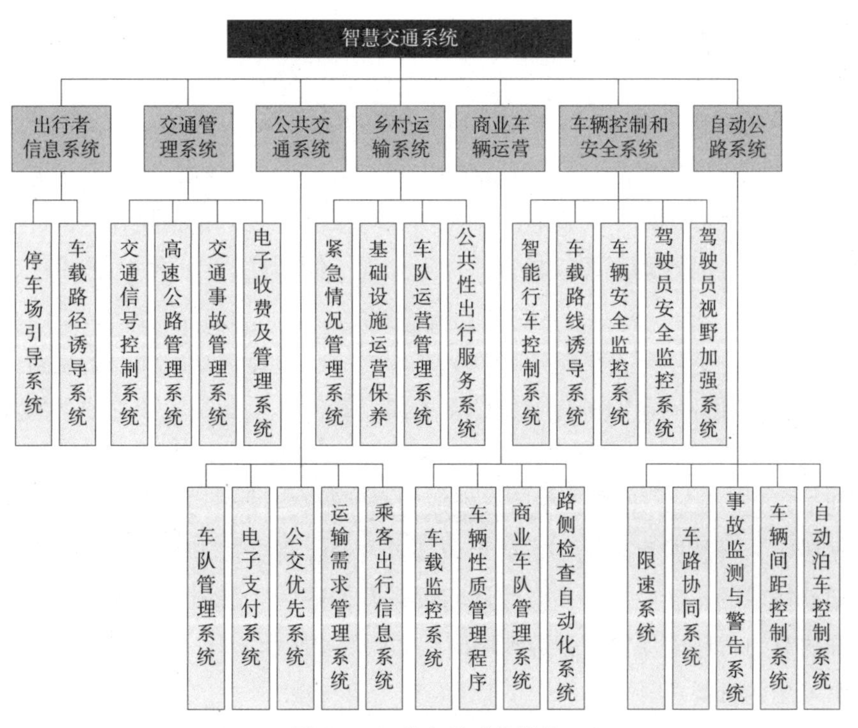

图 5-2　智慧交通系统结构

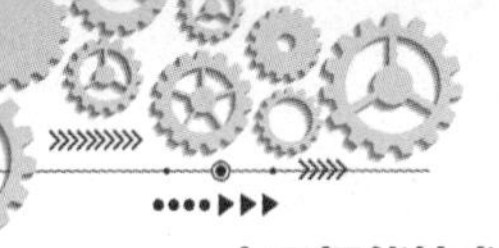

3. 无人驾驶市场规模

从市场规模来看，目前，我国正在积极发展智能网联汽车，无人驾驶技术进一步推动BAT（百度、阿里巴巴和腾讯）等企业进入市场、加大投入研发，无人驾驶市场正处于快速发展阶段。据中商产业研究院数据统计，2017—2021 年我国无人驾驶市场规模由 681 亿元增至 2 358 亿元，年均复合增长率为 36.4%。2022 年我国无人驾驶市场规模达 2 894 亿元（图 5-3）。

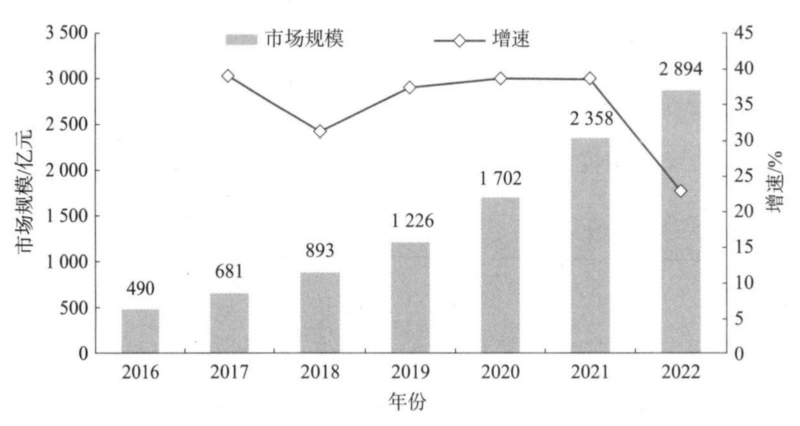

图 5-3　2016—2022 年我国无人驾驶市场规模及增速

5.1.2 智慧家居

1. 智慧家居的概念

智慧家居，即智能化家居，是以住宅为平台，利用综合布线技术、网络通信技术、安全防范技术、自动控制技术、音视频技术将与家居生活有关的设施集成，构建高效的住宅设施与家庭日程事务的管理系统，提升家居安全性、便利性、舒适性、艺术性，并实现环保节能的居住环境。

智慧家居产业是近年来发展迅速的新兴产业之一，主要包括硬件设备制造商、智能控制系统提供商、物联网平台服务商、安防服务商、软件开发商等。随着技术的发展和领域的拓展，智慧家居已经逐渐成为一个非常大的市场。预计到 2025 年，全球智慧家居市场规模将达到 1.3 万亿美元。目前，中国已经成为全球智慧家居市场的领先者之一。

智慧家居作为智慧城市建设的重要组成部分之一，将会在未来的生活中扮演更加重要的角色。随着技术的不断发展，智慧家居将提升我们的生活品质、便利性，同时也有望实现住宅能源的节约和环境保护。智慧家居应用如图 5-4 所示。

2. 智慧家居的分类

随着物联网技术和人工智能技术的发展，智慧家居的应用越来越广泛，包括家庭娱

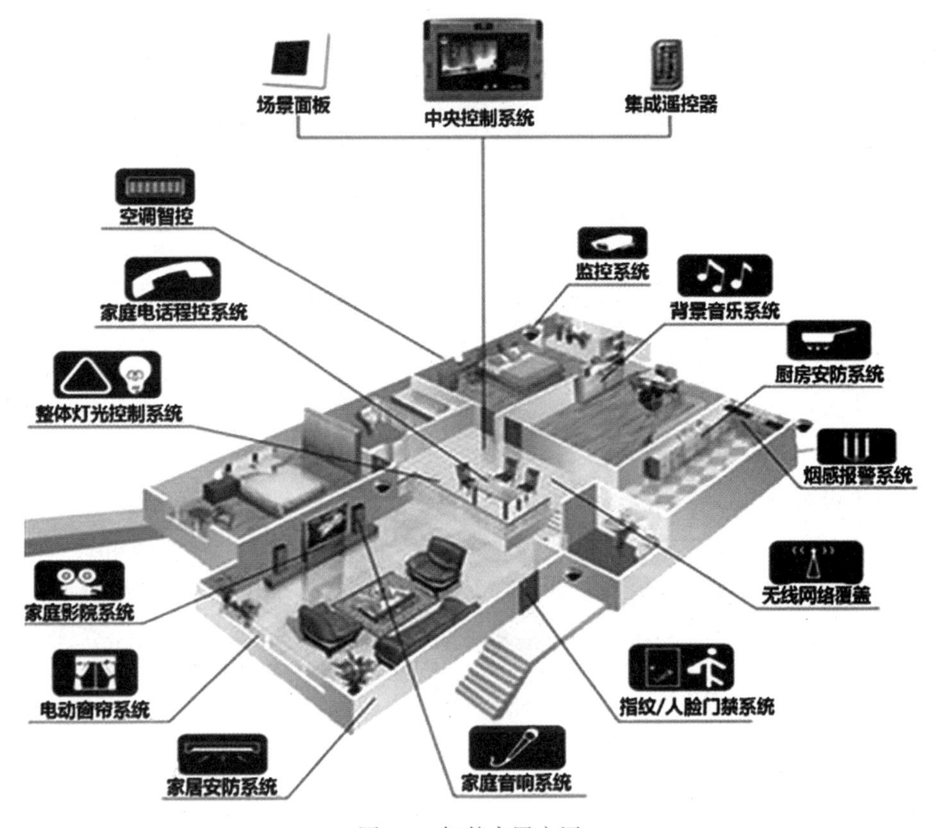

图 5-4　智慧家居应用

乐、智慧家居设备控制、家庭健康管理、智能安防监控等方面。智慧家居可以根据具体的功能和应用场景进行如下分类。

（1）安防类智慧家居。安防类智慧家居是智慧家居的基础部分，主要包括智能门锁、智能摄像头、智能侦测器、安防报警器等设备。其可以通过手机或计算机实现远程监控家庭安全、远程门禁控制、防盗报警以及录像存储等功能。

（2）环境控制类智慧家居。环境控制类智慧家居主要包括智能照明系统、智能空调、智能净化器等设备。其可以通过远程控制或定时设置实现温度、湿度、光照等各种环境参数的调节，让用户享受更加舒适的居住环境。

（3）自动化控制类智慧家居。其可以通过智能插座、智能遥控器、智能温控器等设备，实现家电自动化智能控制，包括空调、电视、音响等。

（4）娱乐媒体类智慧家居。娱乐媒体类智慧家居主要包括智能电视、智能音箱等设备。其可以通过语音控制或手机控制实现音乐、视频、游戏等娱乐互动。

（5）健康养生类智慧家居。健康养生类智慧家居主要包括健康监测设备、智能血压计、智能体重秤、智能口腔清洁器等设备。其可以通过定期监测、分析和反馈等多种方

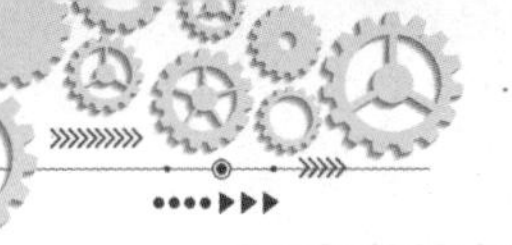

式，帮助用户管理健康、调整生活习惯。

（6）智能厨房类智慧家居。智能厨房类智慧家居主要包括智能烤箱、智能厨房电器等设备。其可以通过手机远程控制，实现自动化食物加工、智能化食物储存、智能化餐具清洗等功能，让用户在厨房中更加便捷自如。

这些设备可以互相协作，为家庭生活提供更加便捷、安全、舒适的居住环境。

3. 智慧家居的特点

智慧家居的特点就是将互联网、传感器技术、自动化技术以及人工智能技术等手段与家居环境相结合，实现智能化的家居环境，提高家居环境的智能化水平，并为用户提供更加便利、安全、舒适的家居环境。

（1）自动化控制。智慧家居可以通过智能控制系统，如智能语音、远程控制等，实现对家居中各种设备的自动化控制，使家居环境更加智能、便利、舒适，减少人工干预。

（2）信息互联。智慧家居中的各种设备可以通过互联网进行信息共享和数据交流，实现智能互联，提高家居系统的智能化水平。

（3）数据智能分析。智慧家居可以通过传感器、互联网等手段及时采集、分析家居环境的数据，从而为用户提供数据支持和决策依据。

（4）安全隐私。智慧家居通常具备完善的安全设置，可加强家居安全性，减少安全隐患和风险。

（5）节能环保。智慧家居通过自动化控制和任务合理安排，可以减少不必要的能源浪费，降低能耗水平，实现低碳、节能、环保的家居生活方式，降低对环境的影响。

（6）个性化。智慧家居可以根据用户需求进行定制，满足不同用户的个性化需求，提供更加人性化的家居环境。

智慧家居产业是一个高度有前景的新兴产业，将在未来几年内迎来更快的发展。这个行业需要不断推动技术创新，提升用户体验，依托越来越成熟的物联网平台，进一步加强与其他领域的融合，打造更加全面、高效、智能的智慧家居体系，提高居住的品质和舒适度，满足人们对生活的多方面需求，同时助力于推动绿色低碳的社会发展。

5.1.3 智慧农业

1. 智慧农业的概念

智慧农业是一种基于先进科技和信息技术的现代农业模式，包括物联网、云计算、大数据、人工智能、无人机、智能传感器以及自动化控制等技术。它旨在提高农业生产效率、降低生产成本、减少人力劳动，提升农作物品质及保证农业的可持续性，同时也可减少农业对环境的影响。

2. 智慧农业的特点

信息化管理：智慧农业通过物联网技术、云计算技术和大数据技术来实现农业生产过程中的信息化管理，包括土地分析、气候预测、种植管理、排灌管理、施肥管理、病虫害防治等，从而最大限度地提高农业生产效率。

智能化决策：智慧农业系统通过物联网、传感器等技术，快速、准确地获取大量的包括外部环境与作物状况在内的数据，如环境气象数据、土壤信息、作物生长状态等，在生产决策过程中，通过分析这些数据，进行分析建模，实现全球定位、远程监测、数据分析等，做到智能化地制定生产策略，从而更好地实现生产降本增效。

传感器应用：智慧农业通过种植土壤、植物生长和气象等传感器设备，来实时收集和反馈相关数据，帮助农民及时了解各项作物信息，从而作出更加准确的决策。

机械化与自动化：智慧农业采用农业机械自动化和无人机技术，提高生产效率和作物质量，同时减少过多的人力投入。

精准施肥：智慧农业通过对土壤、植物营养代谢进行精细化管理，不但可以有效减轻施肥污染，同时更好地提高肥效、缓解土地资源的贫瘠化。

总之，智慧农业的目的是实现现代化的农业管理，提高产能和生产效率，并促进大规模粮食和农产品生产质量的提升。

3. 智慧农业应用场景

智慧农业以智慧生产为核心，智慧产业链为其提供信息化服务支撑。目前我国智慧农业有四大应用场景：数据平台服务、无人机植保、农机自动驾驶以及精细化养殖。智慧农业应用示意图如图 5-5 所示。通过政府与企业或者企业间合作，不断获取多样的数据，将非结构化的数据转化成结构化的数据并挖掘核心数据，创建不同的指标，建立具有针对性的数据模型，以细分领域为切入点，逐步向多元化发展。无人机植保能够解决农村劳动力短缺、劳动力成本高、农民效率低、农药使用严重等问题。

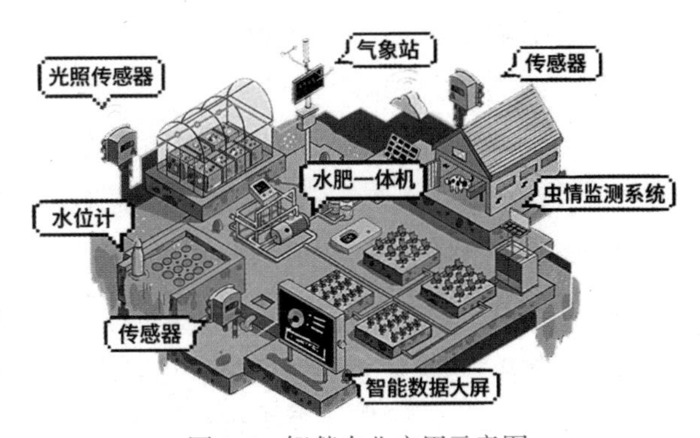

图 5-5　智慧农业应用示意图

5.1.4 智慧教育

1. 智慧教育的概念

智慧教育即教育信息化，是依托物联网、云计算、无线通信等新一代信息技术所打造的物联化、智能化、感知化、泛在化的新型教育形态和教育模式，是指在教育领域（教育管理、教育教学和教育科研）全面深入地运用现代信息技术来促进教育改革与发展的过程。

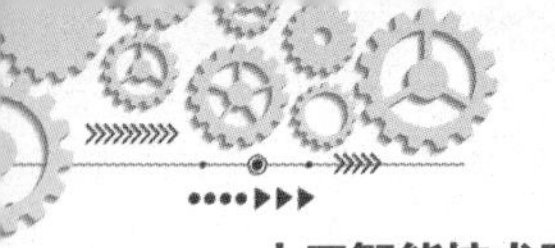

其技术特点是数字化、网络化、智能化和多媒体化，基本特征是开放、共享、交互、协作、泛在。以教育信息化促进教育现代化，用信息技术改变传统模式。

教育部等六部门发布《关于推进教育新型基础设施建设构建高质量教育支撑体系的指导意见》指出：教育新型基础设施是以新发展理念为引领，以信息化为主导，面向教育高质量发展需要，聚焦信息网络、平台体系、数字资源、智慧校园、创新应用、可信安全等方面的新型基础设施体系。教育新基建是国家新基建的重要组成部分，是信息化时代教育变革的牵引力量，是加快推进教育现代化、建设教育强国的战略举措。

2. 智慧教育的特点

智慧教育不是简单的“+信息化”的概念，信息技术的介入使教育系统和结构发生了改变，教育系统要素的角色以及要素之间的关系得以重新建构，教育环境、教育策略以及教育手段等都在被重新定义。所以，首要的问题就是对智慧教育的探源和解读，这也是构建智慧教育理论框架的起点和依据。

华东师范大学终身教授祝智庭提出，智慧教育的真谛就是构建技术融合的生态化学习环境，通过培植人机协同的数据智慧、教学智慧与文化智慧，本着“精准、个性、优化、协同、思维、创造”的原则，让教师施展高成效的教学方法，让学习者获得适宜的个性化学习服务和美好的发展体验，使其由不能变为可能，由小能变为大能，从而培养具有良好人格品性、较强行动能力、较好思维品质、较深创造潜能的人才。简言之，智慧教育的根本要义是，通过人机协同作用优化教学过程与促进学习者美好发展的未来教育范式。

智慧教育研究框架涵括基于技术创新应用的智慧环境（smart environment）、基于方法创新的智慧教学法（smart pedagogy）、基于人才观变革的智慧评估（smart assessment）三大要素，如图 5-6 所示。

这个框架明晰了智慧教育的理论与实践需要综合性的、全局性的变革思考，既需要智慧环境（或由智慧终端、智慧教室、智慧校园、智慧实验室、创客空间、智慧教育云等构成）的支撑，也需要智慧教学法（如差异化教学、个性化学习、协作学习、群智学习、入境学习、泛在学习等）的保障，还有待智慧评估（采用基于数据的全程化、多元化、多维化、多样化、个性化、可视化的以评促学、以评促发展的评估方式等）的实践，方能培养出善于学习、善于协作、善于沟通、善于研判、善于创造、善于解决复杂问题的智慧型人才。

智慧教育系统的总体架构如图 5-7 所示。智慧教育的核心是利用新一代信息技术，推动教育和学习的创新发展。人工智能、物联网、大数据、云计算、移动互联网等是构成和支撑智慧教育的主要核心技术。

3. 智慧教育的应用发展

1）学习环境的改变

人工智能、物联网、云计算、大数据、移动通信等新一代信息技术的兴起为智慧学习

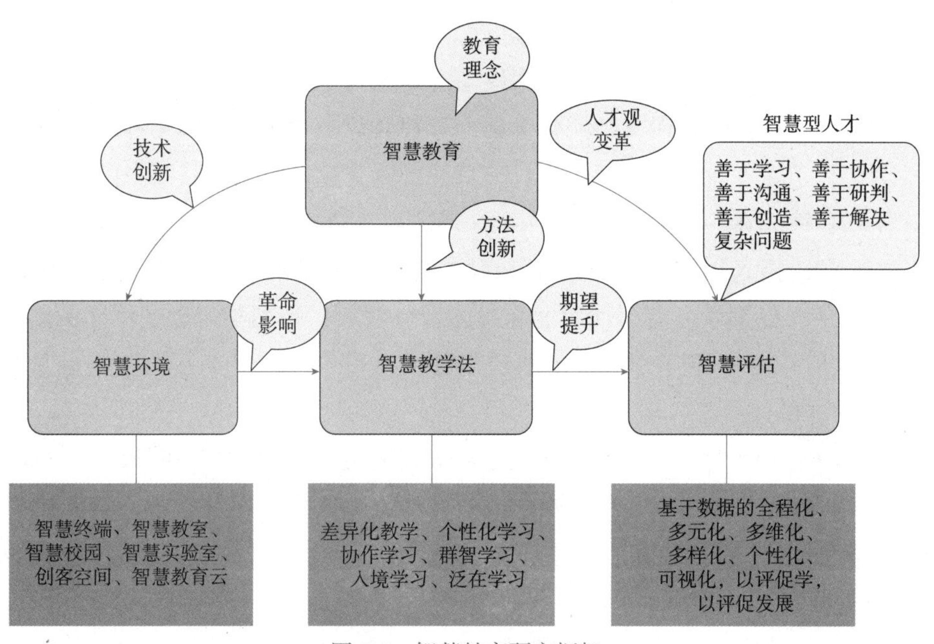

图 5-6　智慧教育研究框架

图 5-7　智慧教育系统的总体架构

环境提供了技术支撑。智慧教育的学习环境具有六个基本特征。其一，全面感知：具有感知学习情境、学习者所处方位及其社会关系的性能。其二，无缝连接：基于移动、物联、泛在、无缝接入等技术，提供随时、随地、按需获取学习的机会。其三，个性化服务：基于学习者的个体差异（如能力、风格、偏好、需求）提供个性化的学习诊断、学习建议和

学习服务。其四，智能分析：记录学习过程，便于数据挖掘和深入分析，提供具有说服力的过程性评价和总结性评价。其五，提供丰富资源与工具：提供丰富的、优质的数字化学习资源供学习者选择；提供支持协作会话、远程会议、知识建构等多种学习工具，促进学习的社会协作、深度参与和知识建构。其六，自然交互：提供自然简单的交互界面、接口，减轻认知负荷。在这样的学习环境中通过设计多种智慧型学习活动，能够有效减轻学习者的认知负载，提高知识生成、智力发展与智慧应用的含量，提高学习者的学习自由度和协作学习水平，促进学习者个性发展和集体智慧发展；拓展学习者的体验深度和广度，提供最合适的学习支持，提升学习者的成功期望。

2）学习方式的改变

传统教育通常是接受式的，是以教师为中心，注重教师的“教”，而忽视了学生的主动性和创造性。随着智慧教育时代的到来，充满“智慧”的教学方式和教学环境构成了“个性化”和“智能化”的教学。学生在智慧环境下利用现有的智能设备和社会网络来帮助学习，这种学习方式培养了学生的主动探究精神和“智慧”思维能力。各种智能设备的出现，使学生的学习逐步从传统的以教师为中心变为以学生为中心，给予学生个性化的学习体验，并大大提高学生的积极性和创造性。智慧学习具有个性化、高效率、沉浸性、持续性、自然性等基本特征，能够帮助学习者不断认识自己、发现自己和提升自己。

3）教学方式的改变

传统教师的“教”都是将教学材料以结论的形式呈现给学生，学生缺少自主探索、独立学习、独立获取知识的机会。教师不能了解每个学生的学习情况，从而得到及时的反馈，造成教学效率较低。大数据技术通过分析数据来帮助教师更加具体地了解学生的学习情况，从而采取针对性的指导，不断改善教学方式。智慧型的教师在教学过程中扮演的角色是组织者、辅助者和评价者，旨在培养学生的创造能力、合作能力、认知能力等。智慧教育应用模型如图 5-8 所示。

5.1.5 智慧安防

1. 智慧安防的概念

随着物联网、大数据、人工智能、虚拟现实、增强现实等新一代信息技术的发展，无人机、机器人等智能产品不断被引入安防行业中，安防产品和安防系统将变得更加立体化、网络化和智能化。安防创新应用不断涌现，全球安防行业已进入智慧安防的发展新阶段。智慧安防是指利用人工智能、大数据、物联网等先进技术，通过对视频图像、声音、温度、湿度等数据的深度分析和处理，实现对人、车、物等目标的自动监控、感知、预测、预警和应急响应的新型安防技术。智慧安防是安防行业进行数字化、智能化转型的必经之路。

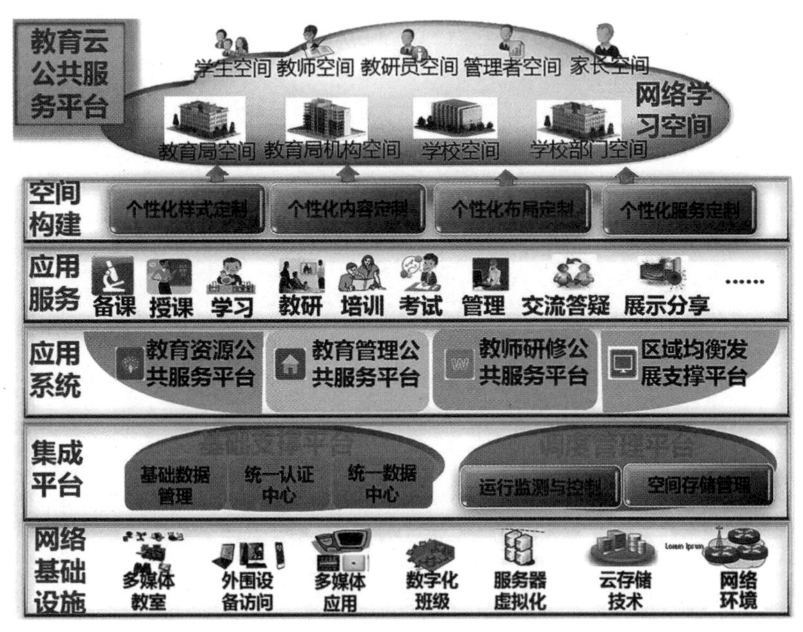

图 5-8　智慧教育应用模型

2006 年，安防的智能化概念被提出。但是受到技术能力的限制，这样的概念一直没有落地，直到深度学习与云计算技术成熟，智慧安防才逐步发展起来。近年来，政策加持及技术进步推动我国智慧安防产业健康快速发展。如《关于加强社会治安防控体系建设的意见》将社会治安防控信息化纳入智慧城市建设总体规划。“十四五”国家信息化规划指出，以实现高质量发展为总目标，全面推进安防行业进入智能时代。以“智建、智联、智用、智防、智服”为主线，有效提升智能化应用水平，全面服务国家、行业、民用安防项目需求，为新型智慧城市、数字孪生城市、无人驾驶、车城网等提供技术支撑。我国一直积极推进智能化安防产业的发展，“十三五”期间，出台了多项安防相关的法律法规、行政规章及其他政策规范性文件。“十四五”期间，工业和信息化部发布多项重大规划，保障安防上游零部件供应商和安防软件商持续健康发展。

2. 智慧安防的特点

智慧安防充分运用互联网、大数据、人工智能、物联网等前沿科技手段，构建的社区智慧安防系统，由社区周界防护、公共区域安全防范、单元住宅安全防范、住户安全防范、管理中心、社区服务 App 等组成，实现社区人员与车辆信息全采集、活动轨迹全掌控、数据信息全共享、群众求助全应答的共建、共治、共享社会治理模式，全面提升社区防范能力和水平，提升群众生活幸福和满意度。

智慧安防行业产业链上游包括算法、芯片和零组件供应商等；中游为软硬件设备设计、制造和生产环节，主要包括前端摄像机、后端存储录像设备、音视频产品、显示屏供

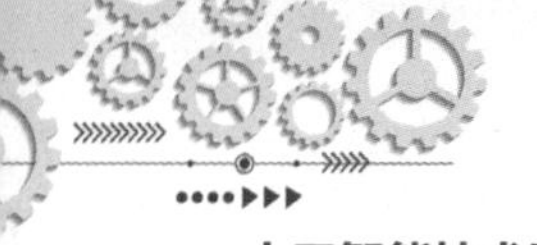

应商、系统集成商、运营服务商等；下游为产品分销及终端的城市级、行业级和消费级客户应用，如图 5-9 所示。

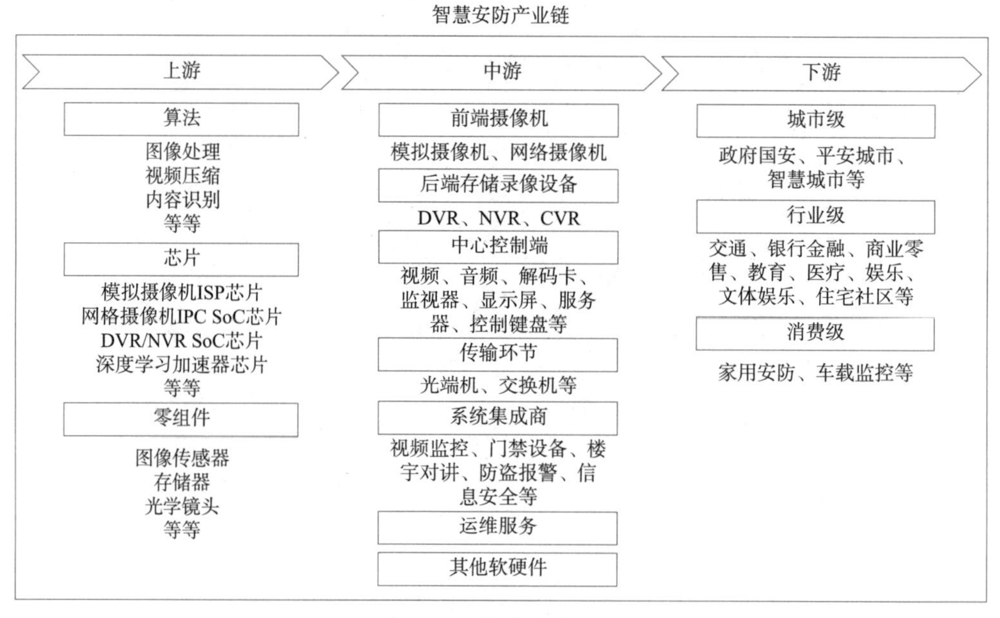

图 5-9　智能安防产业链

智慧安防的解决方案可以分为多个层面，以下从硬件、软件、平台和服务四个方面介绍。

1）硬件

智慧安防的硬件主要包括监控摄像头、传感器、控制器、网络设备等，这些硬件设备的关键在于其能否进行高效运转、拥有高质量的图像和信号，以及对硬件进行智能化参数控制的优化配置。

监控摄像头是智慧安防的核心，品质好的监控摄像头能提供高清晰度、高画质的图像，同时其拥有更全面、更灵敏的监测视角。而传感器则是指在不同的物理参数条件下，可以感知到周围环境变化的硬件设备，其可应用于空气质量、声音、光照、湿度等监测领域。控制器用于更好地连接各个硬件设备，实现智慧安防的联动和协作。网络设备则用于提供稳定、快速、多元化的网络连接，以满足各种场景下的监控需求。

2）软件

智慧安防的软件主要包括图像处理、人脸识别、物体识别、行为分析、高精度目标跟踪算法等。应用各类算法，不仅能够进行安全防范、警报，还可以通过大数据全面的数据流分析来进行预测，从而帮助对各个行业的管理和优化实现智能化革新。

图像处理负责对各种监控器所拍摄的图像进行解析，从而得到各类数据。这样可以根据不同场景，适配不同的图像识别算法来实现智能化的目标监控，如人脸识别、物体识别和行为分析，这些数据将为后续的预测分析和应急响应提供有力的支持。

3）平台

平台是一个基于云计算的数据中心，主要负责数据的存储、处理、管理和共享。平台应该具有灵活、高效、可扩展、安全的特点，采用分布式管理与存储技术，支持多媒体数据存储，以及对数据的高速拆分和算法的分发。

平台应具有大规模的数据查询和处理能力，可以实现巨量日志的实时分布处理，并可利用多层次存储实现海量数据的安全存储。平台还应该支持自动化升级、数据备份、故障恢复等功能，且能够接受不同用户的需求和自定义开发。

4）服务

服务是智慧安防的关键组成部分，主要包括维护、保养和管理。对于大型公共设施、重点行业安保等领域，较为专业化的管理能力将成为服务的基础，为安全性管理、应急响应和监控质量提供坚实的服务保障。

智慧安防的服务应该全面、系统化、专业化，包括售后维护、信息化系统集成、安全风险管理、培训等不同领域，即为客户提供全面的解决方案。

智慧安防在实际应用中可以适应不同的安防需求，适用的场景包括商业、公共设施、交通运输、金融和能源等领域。随着各项技术成熟度的提高和应用场景的扩大，其实际应用价值将进一步提升，从而促进安防产业的数字化、智能化和整体性的创新。

3. 智慧安防应用场景

以机器视觉、深度学习技术为基础的人工智能已经广泛应用于治安管控、交通管理、刑侦破案等业务场景中。在不需要人为干预的环境下，计算机可以对摄像头的内容进行自动分析，包括目标检测、目标分割提取、目标识别、目标跟踪等。对监测场景中的目标行为进行理解并描述，得出符合实际意义的解释，如车辆逆行、人群聚集等。智慧安防应用场景如图 5-10 所示。

智慧安防行业四大发展方向如下。

1）前端化

随着芯片的集成度越来越高，处理能力越来越强，许多厂商推出了智能 IPC（网络摄像机）、智能 DVR（数字视频录像机）和智能 NVR（网络硬盘录像机），将一些简单通用的智能移植到前端设备中。未来将有更多复杂专用的智能算法在前端设备中实现。在前端设备上实现的优势在于组网灵活、延时低、成本低，也减轻了一部分后端分析的压力，为大规模部署提供了可能。

2）云端化

已有的智能化产品大多是将多种智能功能固化在某一类硬件中，每台硬件设备提供一种或有限的几种智能化服务。未来，硬件资源的概念将逐步淡化，智能化以服务模块的方式被提供给客户。SaaS（软件即服务）云会根据客户的需要（功能、路数等）提供服务，

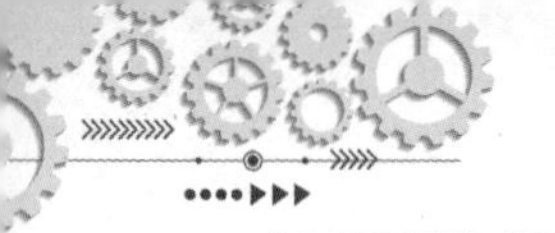

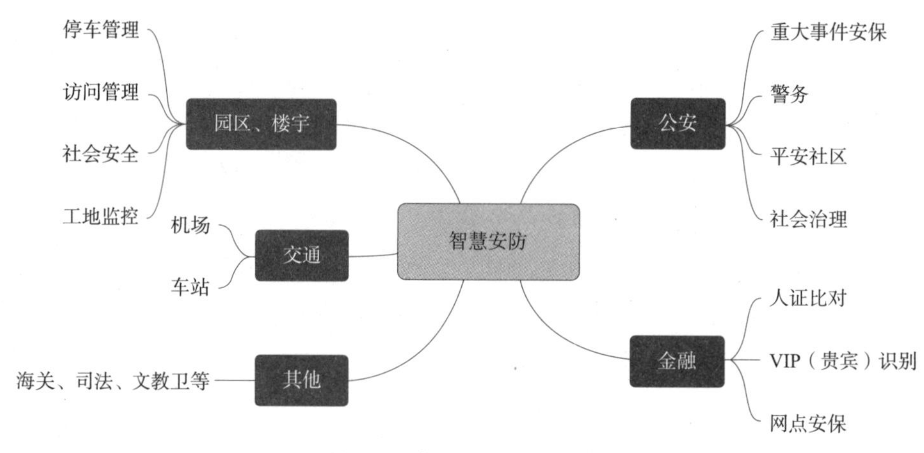

图 5-10　智慧安防应用场景

实现资源按需分配，满足客户需求和提高资源利用率。

3）平台化

每个安防厂商在推进自己的智能化解决方案时，都越来越多地需要对软件平台及其配套的硬件设备进行整合，随着这个整合方案的兼容性、稳定性、安全性等提升，其标准也越来越趋于统一。未来几年随着安防监控的应用类型越来越清晰，其技术标准、开发接口等将越来越趋于统一：大厂商制定标准、小厂商兼容标准的合理产业模式将逐渐形成，有实力的安防厂商推出自己有主导力的解决方案平台，是安防企业发展道路中必须考虑的课题。

4）行业化

智能化解决的是行业客户在业务应用中存在的问题，因此智能化需要往行业化方向进一步深化。首先，智能化厂家要从行业出发，定位目标行业和细分市场，确定自己的发展方向；其次，智能化厂家要在具体行业中深入业务应用、业务流程等，剖析行业问题，寻找解决之道；最后，智能化厂家要结合自身的技术积累，为行业客户提供优质的行业智能解决方案。

5.2 目标检测

5.2.1 图像预处理

1. 图像预处理概述

灰度化和滤波操作是大部分图像处理的必要步骤。灰度化不必多说，因为不是基于色彩信息识别的任务，所以没有必要用彩色图，可以大大减少计算量。而滤波会减少图像噪点，排除干扰信息。另外，边缘提取是基于图像梯度的，梯度对噪声很敏感，所以平滑滤波操作必不可少。

1）灰度转换（cv2.cvtColor）

```
gray= cv2.cvtColor(img,cv2.COLOR_RGB2GRAY)
```

cvtColor() 用于颜色空间转换。img 为需要转换的图片，cv2.COLOR_RGB2GRAY 为转换的类型，返回值为颜色空间转换后的图片矩阵。常见转换方式有以下三个。

（1）cv2.COLOR_BGR2GRAY，由彩色三通道 BGR 转为 Gray 灰度图。

（2）cv2.COLOR_BGR2RGB，由彩色三通道 BGR 转为 RGB 三通道。

（3）cv2.COLOR_BGR2HSV，由彩色三通道 BGR 转为 HSV。

2）高斯模糊（cv2.GaussianBlur）

使用高斯模糊，去除噪点。使用 Sobel 算子，计算出每个点的梯度大小和梯度方向。

```
blur_gray = cv2.GaussianBlur(gray, (blur_ksize, blur_ksize),  gaussian_sigmax=1)
```

参数说明：

gray：输入图片。

blur_ksize：高斯核大小，可以为方形矩阵，也可以为矩形。

gaussian_sigmax：*X* 方向上的高斯核标准偏差。

3）边缘检测（cv2.Canny()）

Canny 边缘检测（Canny Edge Detection）是由约翰·F. 卡尼（John F. Canny）发明的一种流行的边缘检测算法，其具有多阶段性，主要分为高斯滤波、梯度计算、非极大值抑制和双阈值检测。使用非极大值抑制（只有最大的保留）可消除边缘检测带来的杂散效应。应用双阈值来确定真实和潜在的边缘。通过抑制弱边缘来完成最终的边缘检测。

CV2 提供了提取图像边缘的函数 canny。其算法思想如下。

先对图像进行灰度转换，接下来使用高斯滤波器消除图像中的噪点，使用 Sobel 核在水平和垂直方向上对平滑图像进行滤波，以在水平和垂直方向得到一阶导数。在获得梯度大小和方向后，将对图像进行全面扫描，以去除可能不构成边缘的所有不需要的像素，为此在每个像素处检查像素是否在其梯度方向上附近的局部最大值。最后，为确定哪些边缘是真正的边缘，需要提供两个阈值：minVal 和 maxVal，强度梯度大于 maxVal 的任何边缘必定是边缘，而小于 minVal 的任何边缘必定不是边缘，如果将它们连接到边缘像素，则将它们视为边缘的一部分，否则将它们丢弃。

```
edges = cv2.Canny(blur_gray, canny_lth, canny_hth)
```

参数说明：

blur_gray：所操作的图片。

canny_lth：下阈值。

canny_hth：上阈值。

返回值为边缘图，如图 5-11 所示。

原始图

边缘图

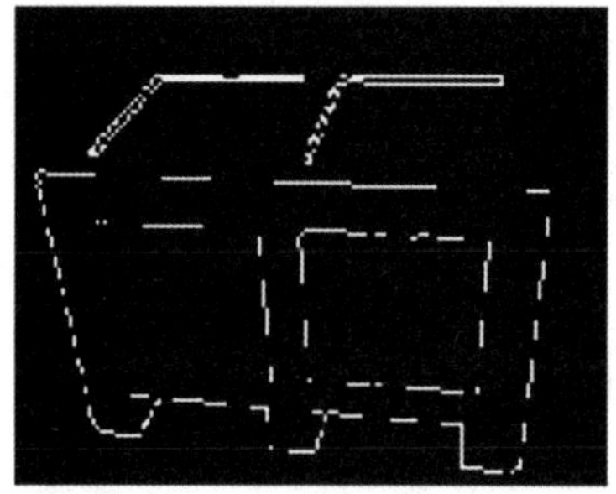

图 5-11　边缘检测

```
import numpy as np
import cv2 as cv
from matplotlib import pyplot as plt

img = cv.imread('desk.jpg', 0)
edges = cv.Canny(img, 100, 200)
plt.subplot(121), plt.imshow(img, cmap='gray')
plt.title('Original Image'), plt.xticks([]), plt.yticks([])
plt.subplot(122), plt.imshow(edges, cmap='gray')
plt.title('Edge Image'), plt.xticks([]), plt.yticks([])
plt.show()
```

2. 霍夫变换

1）霍夫变换概述

边缘检测如 Canny 算子可以识别出图像的边缘，但是实际中由于噪声和光照不均匀等因素，很多情况下获得的边缘点是不连续的，必须通过边缘连接将它们转换为有意义的边缘。霍夫（Hough）变换是一个重要的检测间断点边界形状的方法，它通过将图像坐标空间变换到参数空间来实现直线和曲线的拟合。

霍夫变换于 1962 年由保罗·霍夫（Paul Hough）首次提出，后于 1972 年由理查德·杜达（Richard Duda）和皮特·哈特（Peter Hart）推广使用，经典霍夫变换被用来检测图像中的直线，后来霍夫变换扩展到任意形状物体的识别，多为圆和椭圆。

霍夫变换是图像处理中从图像中识别几何形状的基本方法之一。霍夫直线检测的基本原理在于利用点与线的对偶性，在直线检测任务中，即图像空间中的直线与参数空间中的点是一一对应的，参数空间中的直线与图像空间中的点也是一一对应的。这意味着可以得出两个非常有用的结论。

（1）图像空间中的每条直线在参数空间中都对应着单独一个点来表示。

（2）图像空间中的直线上任何一部分线段在参数空间对应的都是同一个点。

因此霍夫直线检测算法就是把在图像空间中的直线检测问题转换到参数空间中对点的检测问题，通过在参数空间里寻找峰值来完成直线检测任务，也即把检测整体特性转化为检测局部特性。

2）霍夫变换算法原理

（1）图像空间和参数空间。霍夫变换的数学理解是“换位思考”，如一条直线 $y=k \cdot x+q$ 有两个参数，在给定坐标系下，这条直线就可以用 k 和 q 进行完整的表述。如果把 x 和 y 看作参数，把 a 和 b 看作变量的话，那么图像空间下的坐标点（x_1，y_1）对应着参数空间里的一条直线 $q=-x_1 \cdot k+y_1$，图像空间直线上的点（x_1，y_1）就是参数空间的斜率和截距，其中 k、q 为参数空间的自变量。

（2）参数空间转换过程。霍夫直线检测就是把图像空间中的直线变换到参数空间中的点，通过统计特性来解决检测问题。具体来说，如果一幅图像中的像素构成一条直线，那么这些像素坐标值（x，y）在参数空间对应的曲线一定相交于一个点，所以只需要将图像中的所有像素点（坐标值）变换成参数空间的曲线，并在参数空间检测曲线交点就可以确定直线了。

霍夫变换可以检测矩形、圆形、三角形和直线等形状。OpenCV 提供了函数 cv2.HoughLines() 用来实现霍夫直线变换，该函数要求所操作的源图像是一个二值图像，所以在进行霍夫变换之前要将源图像二值化，或者进行 Canny 边缘检测。

在 OpenCV 中，函数 cv2.HoughLinesP() 实现了概率霍夫变换。概率霍夫变换对基本霍夫变换算法进行了一些修正，是霍夫变换算法的优化。它没有考虑所有的点。相反，它只需要一个足以进行线检测的随机点子集即可。

```
lines = cv2.HoughLinesP(img, rho, theta, threshold, minLineLength=min_line_len,
maxLineGap=max_line_gap)
```

参数 1：img，要检测的图片矩阵。

参数 2：距离 r 的精度，值越大，考虑越多的线。

参数 3：距离 theta 的精度，值越大，考虑越多的线。

参数 4：累加数阈值，值越小，考虑越多的线。

minLineLength：最短长度阈值，短于这个长度的线会被排除。

maxLineGap：同一直线两点之间的最大距离。

使用函数 cv2.HoughLinesP() 对一幅图像进行霍夫变换，代码如下：

```
#coding=utf-8
import cv2
import numpy as np
img = cv2.imread("desk.jpg", 0)
img = cv2.GaussianBlur(img,(3,3),0)
edges = cv2.Canny(img, 50, 150, apertureSize = 3)
lines = cv2.HoughLines(edges,1,np.pi/180,118) # 这里对最后一个参数使用了经验型的值
result = img.copy()
for line in lines[0]:
  rho = line[0] # 第一个元素是距离 rho
  theta= line[1] # 第二个元素是角度 theta
  print (rho)
  print (theta)
  if  (theta < (np.pi/4. )) or (theta > (3.*np.pi/4.0)): # 垂直直线
        # 该直线与第一行的交点
    pt1 = (int(rho/np.cos(theta)),0)
    # 该直线与最后一行的交点
    pt2 = (int((rho-result.shape[0]*np.sin(theta))/np.cos(theta)),result.shape[0])
                                                    # 绘制一条白线
                                                    cv2.line( result, pt1, pt2, (255))
  else: # 水平直线
    # 该直线与第一列的交点
    pt1 = (0,int(rho/np.sin(theta)))
    # 该直线与最后一列的交点
     pt2 = (result.shape[1], int((rho-result.shape[1]*np.cos(theta))/np.sin(theta)))
                                                    # 绘制一条直线
                                                    cv2.line(result, pt1, pt2, (255), 1)
cv2.imshow('Canny', edges )
```

```
cv2.imshow('Result', result)
cv2.waitKey(0)
cv2.destroyAllWindows()
```

5.2.2 车道线检测

车道线检测是自动驾驶汽车以及一般计算机视觉的关键组件。这个概念用于描述自动驾驶汽车的路径并避免进入另一条车道的风险。

在这一节中，我们将构建一个机器学习项目来实时检测车道线。

我们将使用 OpenCV 库以计算机视觉的概念来做到这一点。要检测出当前车道，就要检测出左右两条车道直线。由于无人车一直保持在当前车道，那么无人车上的相机拍摄的视频中，车道线的位置应该基本固定在某一个范围内，如图 5-12 所示。

图 5-12　车道线范围

如果我们手动把这部分 ROI（region of interest，感兴趣区域）抠出来，就会排除掉大部分干扰。检测直线使用霍夫变换，但 ROI 内的边缘直线信息还是很多，考虑到只有左右两条车道线，一条斜率为正，一条为负，可将所有的线分为两组，每组再通过均值或最小二乘法拟合的方式确定唯一一条线就可以完成检测。总体步骤如下：

灰度化；

高斯模糊；

Canny 边缘检测；

不规则 ROI 截取；

霍夫直线检测；

车道计算。

接下来，我们用代码实现车道检测，具体设计步骤如下。

1. 导入所需的各种包

导入所需的各种包，代码如下：

```
import matplotlib.pyplot as plt
import numpy as np
import cv2
import os
import matplotlib.image as mpimg
import math
```

2. 图像预处理

对需要进行车道检测的图像先进行处理，图像处理代码如下：

```
import cv2
import numpy as np
from PIL import Image

# 高斯滤波核大小
blur_ksize = 5
# Canny 边缘检测高低阈值
canny_lth = 50
canny_hth = 150

def process_an_image(img):
    # 1. 灰度化、滤波和 Canny
    gray = cv2.cvtColor(img, cv2.COLOR_RGB2GRAY)
    blur_gray = cv2.GaussianBlur(gray, (blur_ksize, blur_ksize), 1)
    edges = cv2.Canny(blur_gray, canny_lth, canny_hth)
    return edges

if __name__ == "__main__":
    img = cv2.imread('lane.jpg')
    img0 = cv2.cvtColor(img, cv2.COLOR_BGR2RGB)
```

```
im0=Image.fromarray(img0)
display(im0)
result = process_an_image(img)
im=Image.fromarray(result)
display(im)
```

程序运行效果如图 5-13 所示。

图 5-13　程序运行效果

3. 应用帧屏蔽并找到感兴趣的区域

用数组选取 ROI，然后与原图进行布尔运算（与运算）。可以创建一个梯形的 mask 掩膜，然后与边缘检测结果图混合运算，掩膜中白色的部分保留，黑色的部分舍弃。梯形的四个坐标需要手动标记，四个数组创建后保存在变量中。对比效果图如图 5-14 所示。

（1）构建一个与 gray_img 同维度的数组，并初始化所有变量为零。

（2）绘制多边形函数。mask 为绘制对象，pts 为绘制范围，color 为绘制颜色。

（3）进行布尔运算。

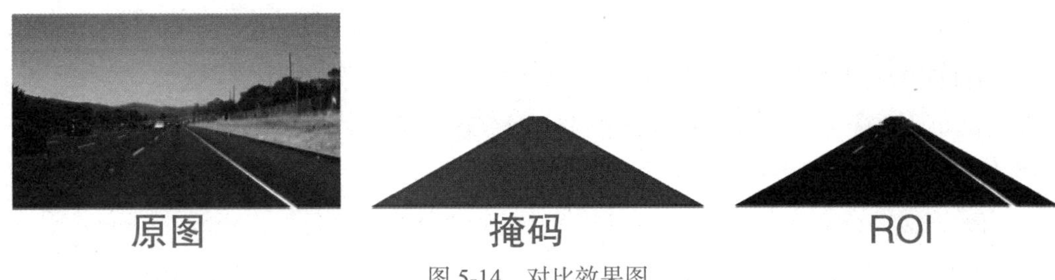

图 5-14　对比效果图

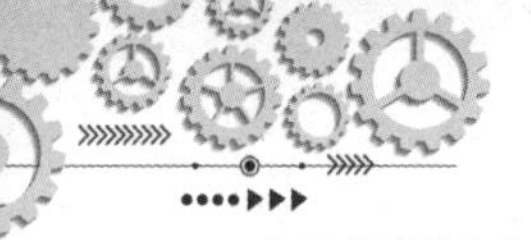


```
def roi_mask(img, corner_points):
    # 创建掩膜
    mask = np.zeros_like(img)
    cv2.fillPoly(mask, corner_points, 255)
    masked_img = cv2.bitwise_and(img, mask)
    return masked_img
```

4. 帧掩码和霍夫线变换

要检测车道中的白色标记，首先，我们需要屏蔽帧的其余部分。使用帧屏蔽来做到这一点。该帧只不过是图像像素值的 NumPy 数组。为了掩盖帧中不必要的像素，只需将 NumPy 数组中的这些像素值更新为 0。

具体实现代码如下：

```
# 霍夫变换参数
rho = 1
theta = np.pi / 180
threshold = 15
min_line_len = 40
max_line_gap = 20

def hough_lines(img, rho, theta, threshold, min_line_len, max_line_gap):
    # 统计概率霍夫直线变换
    lines = cv2.HoughLinesP(img, rho, theta, threshold, minLineLength=min_line_len,
maxLineGap=max_line_gap)
    # 新建一幅空白画布
    drawing = np.zeros((img.shape[0], img.shape[1], 3), dtype=np.uint8)
    draw_lines(drawing, lines)    # 画出直线检测结果
    return drawing, lines

# 画出直线检测的结果，
def draw_lines(img, lines, color=[255, 0, 0], thickness=1):
    for line in lines:
        for x1, y1, x2, y2 in line:
            cv2.line(img, (x1, y1), (x2, y2), color, thickness)
```

5. 车道计算

这部分应该算是本次挑战任务的核心内容了，前面通过霍夫变换得到了多条直线的起点和终点，目的是通过某种算法只得到左右两条车道线。

第一步，根据斜率正负划分某条线是左车道还是右车道。

$$斜率=\frac{y_2-y_1}{x_2-x_1}$$

斜率计算是在图像坐标系下，所以斜率正负 / 左右和平面坐标有区别。斜率 $\leqslant 0$：左；斜率 >0：右。

第二步，迭代计算各直线斜率与斜率均值的差，排除掉差值过大的异常数据。

注意这里迭代的含义是第一次计算完斜率均值并排除掉异常值后，再在剩余的斜率中取均值，继续排除，一直这样迭代下去。

第三步，最小二乘法拟合左右车道线。

经过第二步的筛选，就只剩下可能的左右车道线了，这样只需从多条直线中拟合出一条就行。拟合方法有很多种，最常用的便是最小二乘法，它通过最小化误差的平方和来寻找数据的最佳匹配函数。

具体来说，假设目前可能的左车道线有 6 条，也就是 12 个坐标点，包括 12 个 x 和 12 个 y，目的是拟合出这样一条直线：

$$f(x_i)=ax_i-b$$

使得误差平方和最小：

$$E=\sum(f(x_i)-y_i)^2$$

Python 中可以直接使用 np.polyfit() 进行最小二乘法拟合。

```
def draw_lanes(img, lines, color=[255, 0, 0], thickness=8):
    # a. 划分左右车道
    left_lines, right_lines = [], []
    for line in lines:
        for x1, y1, x2, y2 in line:
            k = (y2 - y1) / (x2 - x1)
            if k < 0:
                left_lines.append(line)
            else:
                right_lines.append(line)
    if (len(left_lines) <= 0 or len(right_lines) <= 0):
```

```
        return

    # b. 清理异常数据
    clean_lines(left_lines, 0.1)
    clean_lines(right_lines, 0.1)

    # c. 得到左右车道线点的集合，拟合直线
    left_points = [(x1, y1) for line in left_lines for x1, y1, x2, y2 in line]
    left_points = left_points + [(x2, y2) for line in left_lines for x1, y1, x2, y2 in line]
    right_points = [(x1, y1) for line in right_lines for x1, y1, x2, y2 in line]
    right_points = right_points + [(x2, y2) for line in right_lines for x1, y1, x2, y2 in line]

    left_results = least_squares_fit(left_points, 325, img.shape[0])
    right_results = least_squares_fit(right_points, 325, img.shape[0])

    # 注意这里点的顺序
    vtxs = np.array([[left_results[1], left_results[0], right_results[0], right_results[1]]])
    # d. 填充车道区域
    cv2.fillPoly(img, vtxs, (0, 255, 0))

    # 或者只画车道线
    # cv2.line(img, left_results[0], left_results[1], (0, 255, 0), thickness)
    # cv2.line(img, right_results[0], right_results[1], (0, 255, 0), thickness)

def clean_lines(lines, threshold):
    # 迭代计算斜率均值，排除掉与差值差异较大的数据
    slope = [(y2 - y1) / (x2 - x1) for line in lines for x1, y1, x2, y2 in line]
    while len(lines) > 0:
        mean = np.mean(slope)
        diff = [abs(s - mean) for s in slope]
        idx = np.argmax(diff)
        if diff[idx] > threshold:
            slope.pop(idx)
            lines.pop(idx)
```

```
        else:
            break

def least_squares_fit(point_list, ymin, ymax):
    # 最小二乘法拟合
    x = [p[0] for p in point_list]
    y = [p[1] for p in point_list]
    # polyfit 第三个参数为拟合多项式的阶数，所以 1 代表线性
    fit = np.polyfit(y, x, 1)
    fit_fn = np.poly1d(fit)  # 获取拟合的结果
    xmin = int(fit_fn(ymin))
    xmax = int(fit_fn(ymax))
    return [(xmin, ymin), (xmax, ymax)]
```

如果传入的是单张图片，检测代码如下：

```
if __name__ == "__main__":
    img = cv2.imread('test_pictures/lane.jpg')
    result = process_an_image(img)
    img0 = cv2.cvtColor(np.hstack((img, result)), cv2.COLOR_BGR2RGB)
    im=Image.fromarray(img0)
    display(im)
```

如果传入的是视频文件，或者是摄像头实时检测，代码如下：

```
if __name__ == '__main__':
    capture = cv2.VideoCapture('test1.mp4')
    fourcc = cv2.VideoWriter_fourcc('X', 'V', 'I', 'D')
    outfile = cv2.VideoWriter('output.avi', fourcc, 25, (1280,368))
    while True:
        ret, frame = capture.read()
        origin = np.copy(frame)
        img = process_an_image(frame)
        img0 = cv2.cvtColor(np.hstack((frame, img)), cv2.COLOR_BGR2RGB)
```

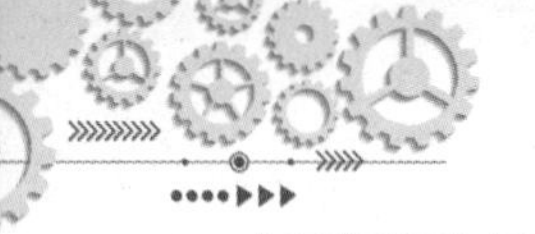


```
        frame=Image.fromarray(img0)
        output = np.concatenate((origin,frame ), axis=1)
        outfile.write(output)
        cv2.imshow('video', output)
        if cv2.waitKey(1)==27:break
    cv2.destroyAllWindows()
```

检测结果如图 5-15 所示。

图 5-15　检测结果

5.3　姿势识别

5.3.1　MediaPipe

1. MediaPipe 简介

MediaPipe 是谷歌在 2019 年推出的 AI 框架，主要用来检测 3D 空间的人和物体，并通过机器学习方案来追踪目标，将 2D（二维）数据转换为 3D 空间结构。MediaPipe 的跨平台兼容性好，支持安卓、iOS 等系统的 AR/VR 开发工具。除此之外，谷歌还推出 Apache 2.0 开源框架，为开发者提供完全可定制的 XR（扩展现实）项目。

MediaPipe 提供的各类 3D 追踪功能，可以用于 AR/VR 内容开发。它给出 543 个关键点，其中，身体包含 33 个关键点（图 5-16），面部包含 468 个关键点，左手右手分别包含 21 个关键点（图 5-17），支持较多场景的检测，包括人脸检测、人脸网格、虹膜检测、手

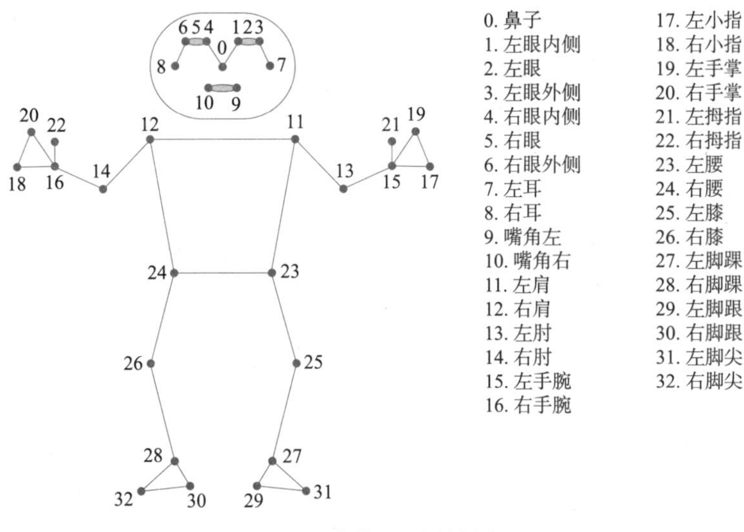

图 5-16　身体 33 个关键点

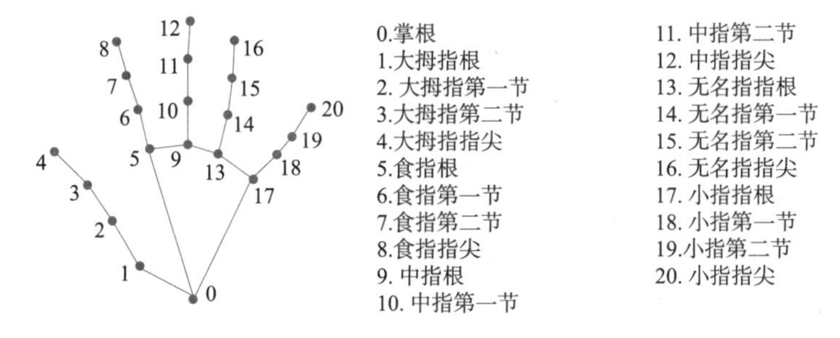

图 5-17　手部 21 个关键点

部检测、姿势检测、整体检测、自拍分割、头发分割、物体检测、方格追踪、即时运动追踪、Objectron（对象框跟踪）、KNIFT（基于神经网络的关键点不变特征转换）、AutoFlip、MediaSequence 等。

MediaPipe 人体姿态估计原理基于深度学习模型，使用卷积神经网络和卷积时空网络（convolutional spatio-temporal network，CSTN）来提取图像特征和时空特征。模型使用了基于关节坐标的多阶段监督学习方法，对每个关节的位置进行精细调整和优化。

在姿势估计过程中，模型首先进行人体检测来确定感兴趣的区域。然后，图像被输入 CNN 中，提取 2D 姿态估计的特征。接着，CSTN 将这些特征转化为时空特征，以便更好地捕捉人体运动的动态变化。最后，通过关节坐标的多阶段监督学习，精细调整和优化每个关节的姿势位置。

MediaPipe 人体姿态估计模块的优点在于速度快、精度高，能够实时地对人体进行姿态估计，并且能够处理多人的姿态估计。它可以广泛应用于虚拟试衣、人机交互、体育运动分析等领域。

2. MediaPipe Pose 相关函数

1）引入姿势模型 solutions.pose

MediaPipe 姿态估计模块（.solutions.pose）将人体各个部位分成（0~32）33 个点，见图 5-16。

2）创建姿势模型对象 pose.Pose(static_image_mode=False, upper_body_only = False, smooth_landmarks = True, enable_segmentation=False, min_detection_confidence = 0.5, min_tracking_confidence = 0.5)

参数说明：

static_image_mode 表示是静态图像还是连续帧视频。

upper_body_only 表示是否仅上半身，是跟踪全套 33 个姿势坐标，还是仅跟踪 25 个上半身姿势坐标。

smooth_landmarks 表示是否平滑关键点。

enable_segmentation 表示是否对人体进行抠图。

min_detection_confidence 表示检测置信度阈值，范围 [0.0，1.0]。

min_tracking_confidence 表示各帧之间跟踪置信度阈值，范围 [0.0，1.0]。

3）创建绘画对象 solutions.drawing_utils

solutions.drawing_utils 是一个绘图模块，将识别到的关键点信息绘制到 cv2 图像中，还可以用 mp.solutions.drawing_style 定义绘制的风格。

4）检测图中的姿体 process(img)

pose.process() 函数检测图像中的人体姿态。它接受一个 RGB 图像作为输入，并返回一个 SolutionOutputs 对象，其中包含有关检测到的手部的信息。

参数 img 表示要检测的图像。

5）用绘画对象绘制关键点 draw_landmarks(img, landmarks_list, mp.solutions.pose.POSE_CONNECTIONS)

该函数用于在图像中绘制关键点和连接。

参数说明：

img：表示要在其上绘制人体关键点和连接的图像；

landmarks_list：表示要绘制的关键点列表，参数是一个 HandLandmarkList 或 Pose LandmarkList 对象，表示要绘制的手部或姿势的关键点；

mp.solutions.pose.POSE_CONNECTIONS：一个常量，表示要绘制的人体关键点之间的连接，为 mp.solutions.hands.HAND_CONNECTIONS，则为绘制手部关键点之间的连接。

检测单张静态图上的人体姿势代码如下：

```
import cv2
```

```
import mediapipe as mp
import time
mPose = mp.solutions.pose
pose = mPose.Pose()
mpDraw = mp.solutions.drawing_utils
img = cv2.imread("ski.jpg")
results = pose.process(img)
if results.pose_landmarks:
   mpDraw.draw_landmarks(img, results.pose_landmarks, mPose.POSE_CONNECTIONS)
cv2.imshow("input", img)
cv2.waitKey(0)
cv2.destroyAllWindows()
```

运行结果如图 5-18 所示。

图 5-18　单张图检测效果

视频或摄像头中的人体关键点检测代码如下：

```
import cv2
import mediapipe as mp
import time
myPose = mp.solutions.pose
pose = myPose.Pose()
```

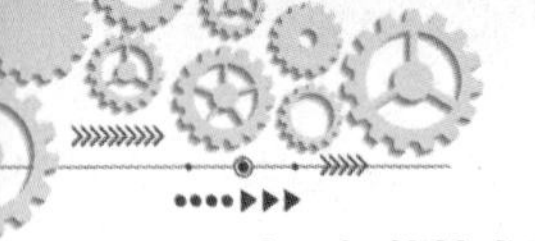


```
myDraw = mp.solutions.drawing_utils
cap = cv2.VideoCapture('basketball.mp4')# 摄像头：cv2.VideoCapture(0)
while True :
    success,img = cap.read()
    imgRGB = cv2.cvtColor(img,cv2.COLOR_BGR2RGB)
    result = pose.process(imgRGB)
    if result.pose_landmarks:
        myDraw.draw_landmarks(img,result.pose_landmarks,
            myPose.POSE_CONNECTIONS)
        for id,lm in enumerate(result.pose_landmarks.landmark):
            h,w,c = img.shape
            cx , cy = int(lm.x*w),int(lm.y*h)
    cv2.imshow ( "image " , img)
    if cv2.waitKey(1)==27:break
cv2.destroyAllWindows()
```

5.3.2 仰卧起坐计数

应用 MediaPipe 实现仰卧起坐计数，功能模块如图 5-19 所示。

创建关键点检测类 → 仰卧起坐的判断 → 调用检测对象进行计数检测

图 5-19　仰卧起坐计数功能模块

1. 创建关键点检测类

设计步骤如下：

（1）创建姿势检测类：class PoseDetector()。

（2）将姿势检测模型封装成检测类的构造方法：__init__(self)。

初始化设置：

参数 static_image_mode: 是否静态图片，默认为否；

参数 upper_body_only: 是否上半身，默认为否；

参数 smooth_landmarks: 设置为 True 减少抖动；

参数 min_detection_confidence: 人员检测模型的最小置信度值，默认为 0.5；

参数 min_tracking_confidence: 姿势可信标记的最小置信度值，默认为 0.5。

（3）将绘制关键点封装成检测类中的对象方法：findPose(self)。

检测图像中的人体关键点信息，调用 draw_landmarks() 绘制关键点并连接。

参数 img: 一帧图像；

参数 draw: 是否画出人体姿势节点和连接图；

返回：处理过的图像。

（4）将关键点的坐标信息封装成检测类中的对象方法：findPosition(self)。

获取人体姿势数据。

参数 img: 一帧图像；

参数 draw: 是否画出人体姿势节点和连接图。

返回：人体姿势数据列表。

（5）将计算指定关键点之间角度封装成检测类中的对象方法：findAngle()。

获取人体姿势中 3 个点 p1-p2-p3 的角度。

参数 img: 一帧图像；

参数 p1: 第 1 个点；

参数 p2: 第 2 个点；

参数 p3: 第 3 个点；

参数 draw: 是否画出 3 个点的连接图；

返回：角度。

2. 仰卧起坐的判断

p_1、p_2、p_3 三点构成的角度如图 5-20 所示，计算方法如下：

$$角度1=\text{atan }2(y_1-y_2, x_1-x_2)$$

$$角度2=\text{atan }2(y_3-y_2, x_3-x_2)$$

$$三点角度 = 角度 23- 角度 12$$

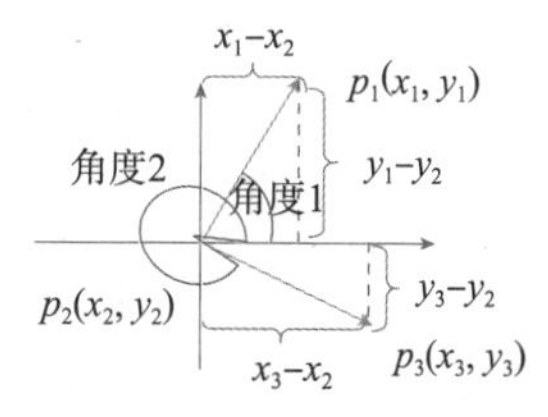

图 5-20　p_1、p_2、p_3 三点构成的角度

计算角度的函数：

反正切函数：math.atan 2(x, y)，求 y/x（弧度表示）的反正切值。

函数 y=tan x 的反函数。计算方法如下。设两锐角分别为 A、B，则有下列表示：若 tan A=1.9/5，则 A=arctan 1.9/5。

弧度转换为角度方法：math.degrees()。

在检测过程中 p_1、p_2、p_3 分别表示肩膀、腰、膝盖三点。

肩膀、腰、膝盖三点的角度范围在 0~180 度之间，如果三点构成的角度大于 120 度则认为是躺下状态，若小于 75 度为坐起状态，修改检测模型中的角度计算设置如下：

```
if angle < 0:
    angle = angle + 360
```

```
if angle > 180:
    angle = 360 - angle
```

由于躺平和坐起两个操作均完成一次才是一次完整的仰卧起坐动作，因此计数时躺平计数为 0.5，坐起计数为 0.5。

```
import cv2
import mediapipe as mp
import math
# 人体姿势检测类
class PoseDetector():
    def __init__(self,
                 static_image_mode=False,
                 upper_body_only=False,
                 smooth_landmarks=True,
                 min_detection_confidence=0.75,
                 min_tracking_confidence=0.75):
        self.static_image_mode = static_image_mode
        self.upper_body_only = upper_body_only
        self.smooth_landmarks = smooth_landmarks
        self.min_detection_confidence = min_detection_confidence
        self.min_tracking_confidence = min_tracking_confidence
        # 创建一个 Pose 对象用于检测人体姿势
        self.pose = mp.solutions.pose.Pose(self.static_image_mode, self.upper_body_only,
self.smooth_landmarks, self.min_detection_confidence, self.min_tracking_confidence)

    def find_pose(self, img, draw=True):
        imgRGB = cv2.cvtColor(img, cv2.COLOR_BGR2RGB)
        self.results = self.pose.process(imgRGB)
        if self.results.pose_landmarks:
            if draw:
                mp.solutions.drawing_utils.draw_landmarks(img, self.results.pose_landmarks,
mp.solutions.pose.POSE_CONNECTIONS)
        return img
```

```
    def find_positions(self, img):
        # 人体姿势数据列表，每个成员由 3 个数字组成：id, x, y
        # id 代表人体的某个关节点，x 和 y 代表坐标位置数据
        self.lmslist = []
        if self.results.pose_landmarks:
            for id, lm in enumerate(self.results.pose_landmarks.landmark):
                h, w, c = img.shape
                cx, cy = int(lm.x * w), int(lm.y * h)
                self.lmslist.append([id, cx, cy])

        return self.lmslist

    def find_angle(self, img, p1, p2, p3, draw=True):
        x1, y1 = self.lmslist[p1][1], self.lmslist[p1][2]
        x2, y2 = self.lmslist[p2][1], self.lmslist[p2][2]
        x3, y3 = self.lmslist[p3][1], self.lmslist[p3][2]

        # 使用三角函数公式获取 3 个点 p1-p2-p3，以 p2 为角的角度值，0~180 度之间
        angle = int(math.degrees(math.atan2(y1 - y2, x1 - x2) - math.atan2(y3 - y2, x3 - x2)))
        if angle < 0:
            angle = angle + 360
        if angle > 180:
            angle = 360 - angle
        if draw:
            cv2.circle(img, (x1, y1), 20, (0, 255, 255), cv2.FILLED)
            cv2.circle(img, (x2, y2), 30, (255, 0, 255), cv2.FILLED)
            cv2.circle(img, (x3, y3), 20, (0, 255, 255), cv2.FILLED)
            cv2.line(img, (x1, y1), (x2, y2), (255, 255, 255, 3))
            cv2.line(img, (x2, y2), (x3, y3), (255, 255, 255, 3))
            cv2.putText(img, str(angle), (x2 - 50, y2 + 50), cv2.FONT_HERSHEY_SIMPLEX, 2, (0,
255, 255), 2)
        return angle
```

3. 调用检测对象进行计数检测

调用 PoseDetector() 类创建姿势识别模型，实现仰卧起坐计数。其具体步骤如下。

（1）启动摄像头或视频。

（2）调用类创建姿势识别对象。

（3）设置变量统计个数 count 和姿势状态 dir（躺下、坐起）。

（4）读取视频流，获取得当前帧的高、宽、通道。

（5）调用识别对象姿势识别方法进行姿势识别。

（6）调用识别对象的位置识别方法获取关键点的位置列表。

（7）若存在关键点位置信息，调用方法获取指定关键点组成的角度。

（8）如果角度小于 75 度，则认定为坐起，计数值加 0.5；如果角度大于 120 度则认定为躺下，在前一个状态为坐起的情况下计数值加 0.5。

（9）显示计数值和图像。

```
import cv2
import numpy as np
import time
# 打开视频文件
cap = cv2.VideoCapture('yangwo.mp4')
# 调用类创建姿势识别对象
detector = PoseDetector()
# 方向与个数
dir = 0  # 0 为躺下，1 为坐起
count = 0

while True:
    # 读取摄像头，img 为每帧图片
    success, img = cap.read()
    time.sleep(0.1)
    if success:
        h, w, c = img.shape
        # 识别姿势
        img = detector.find_pose(img, draw=False)
        # 获取姿势数据
        positions = detector.find_positions(img)
```

```
            if positions:
                # 获取仰卧起坐的角度
                angle = detector.find_angle(img, 11, 23, 25)
                # 进度条长度
                bar = np.interp(angle, (50, 130), (w // 2 - 100, w // 2 + 100))
                cv2.rectangle(img, (w // 2 - 100, h - 150), (int(bar), h - 100),
                            (0, 255, 0), cv2.FILLED)
                # 角度小于 55 度认为坐起
                if angle <= 75:
                    if dir == 0:
                        count = count + 0.5
                        dir = 1
                # 角度大于 120 度认为躺下
                if angle >= 100:
                    if dir == 1:
                        count = count + 0.5
                        dir = 0
                cv2.putText(img, str(int(count)), (w // 2, h // 2), cv2.FONT_HERSHEY_SIMPLEX, 10,
(255, 255, 255), 20, cv2.LINE_AA)
            # 打开一个 Image 窗口显示视频图片
            cv2.imshow('Image', img)
        else:
            break  # 视频结束退出
        key = cv2.waitKey(1)
        if key == ord('q'):
            break
    cap.release()
    cv2.destroyAllWindows()
```

运行结果如图 5-21 所示。

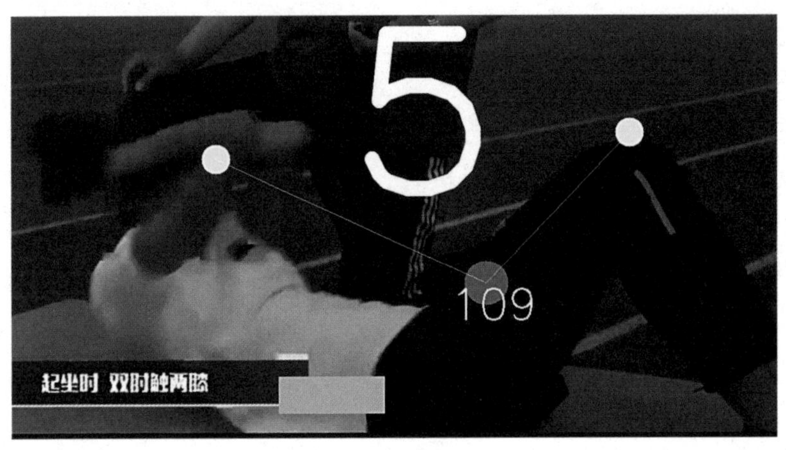

图 5-21 仰卧起坐计数

5.4 人脸识别

5.4.1 人脸识别模型

face_recognition 库是世界上最简洁的人脸识别库之一，可以使用 Python 和命令行工具提取、识别、操作人脸。

face_recognition 库的人脸识别是基于业内领先的 C++ 开源库 dlib 中的深度学习模型，用 Labeled Faces in the Wild 人脸数据集进行测试，有高达 99.38% 的准确率，但对小孩和亚洲人脸的识别准确率尚待提升。

1. 库文件安装

首先要安装相关包：cmake, dlib , face_recognition。

先 pip 安装 cmake，再下载 dlib 的安装包安装，最后 pip 安装 face_recognition。

cmake 安装命令如下：

```
pip install cmake
```

打开网址：https://pypi.org/simple/dlib/，下载与 Python 版本相应的 dlib 安装包，并进行安装。

face_recognition 安装命令如下：

```
pip install face_recognition
```

2. face_recognition 库的使用

1）关键点

68 个人脸特征点。面部特征包含以下几个部分：chin（下巴），left_eyebrow（左眼眉），right_eyebrow'（右眼眉），left_eye（左眼），right_eye（右眼），nose_bridge（鼻梁），nose_tip（鼻下部），bottom_lip（下嘴唇），top_lip（上嘴唇），具体如图 5-22 所示。

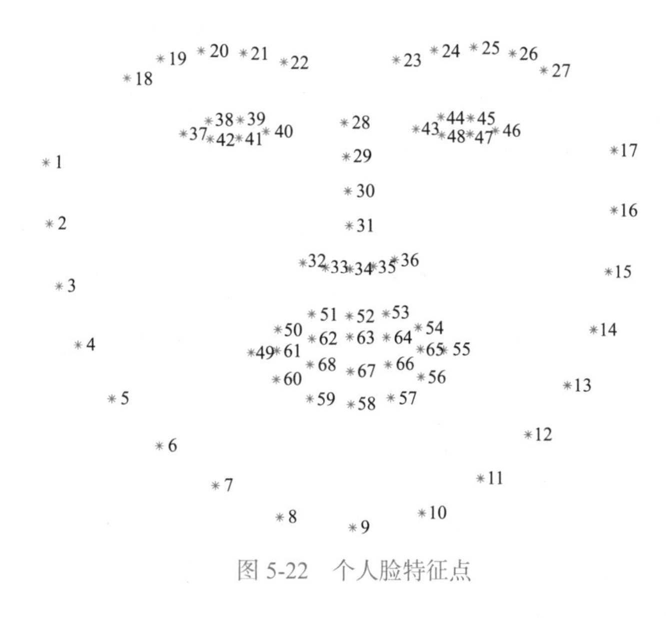

图 5-22　个人脸特征点

load_image_file 加载要识别的人脸图像。

函数：load_image_file(file, mode='RGB')

参数说明：

file：图像文件。

mode 有两种模式："RGB" 表示 3 通道，彩色图像；"L" 表示单通道，灰度图。

返回 numpy.array。

这个方法主要用于加载要识别的人脸图像，加载返回的数据是 Numpy 数组，记录了图片的所有像素的特征向量。

```
import face_recognition
image = face_recognition.load_image_file("girl.jpg")
print(image)
```

运行得到图像的数据：

[[[60 90 28]

[61 91 29]
[61 91 29]
...
[166 178 158]
[165 178 160]
[165 178 160]]
…

2）face_locations 定位图中所有的人脸的像素位置

函数：face_locations(img, number_of_times_to_upsample=1, model=" hog")

参数说明：

img 是一个 numpy.array 指定要查找人脸位置的图像矩阵。

number_of_times_to_upsample 指定要查找的次数。

model 指定查找的模式，“hog”不精确，但是在 CPU 上运算速度快；“CNN”是一种深度学习的精确查找，但是速度慢，需要 GPU/CUDA 加速返回人脸位置 list (top, right, bottom, left)。

返回值是一个列表形式，列表中每一行是一张人脸的位置信息，包括 [top, right, bottom, left]，也可以认为每个人脸就是一组元组信息。其主要用于标识图像中所有的人脸信息。需要注意的是，图片可以是任意一张带有人脸的图片，但它只会识别五官完整的图片，被遮挡的人脸是无法识别的。

```
face_locations = face_recognition.face_locations(image,model="cnn")
print(face_locations)
```

输出得到人脸的位置坐标：

[(180, 1020, 603, 597)]

3）face_landmarks 识别人脸关键特征点

函数：face_landmarks(face_image , face_locations=None, model= “large”)

参数说明：

face_image ：输入待检测的人脸图片。

face_locations=None ：可选参数，默认值为 None，代表默认解码图片中的每一个人脸。若输入 face_locations()[i] 可指定人脸进行解码。

model= “large”：输出的特征模型，默认为“large”，可选“small”。当选择为”small”时，只提取 left_eye、right_eye、nose_tip 这三种脸部特征。

返回值是包含面部特征点字典的列表，列表长度就是图像中的人脸数。

功能是给定一个图像，提取图像中每个人脸的脸部特征位置。面部特征包含以下几个部分：chin，left_eyebrow，right_eyebrow'，left_eye，right_eye，nose_bridge，nose_tip，bottom_lip，top_lip。

```
import face_recognition
import cv2
from matplotlib import pyplot as plt
imagePath = 'girl.jpg'
image = face_recognition.load_image_file(imagePath)
face_landmarks_list = face_recognition.face_landmarks(image)
for each in face_landmarks_list:
  for i in each.keys():
    for any in each[i]:
      image = cv2.circle(image, any, 2, (0, 255, 0), 3)
plt.imshow(image)
plt.show()
```

4）face_encodings 获取图像文件中所有面部编码信息

函数：face_encodings(face_image, known_face_locations=None, num_jitters=1, model=" small")

参数说明：

face_image：指定数据类型为 numpy.array 编码的人脸矩阵；

known_face_locations：指定人脸位置，如果值为 None，则默认按照“Hog”模式调用 _raw_face_locations 查找人脸位置；

num_jitters 重新采样编码次数，默认为 1；

model 预测人脸关键点个数 large 为 68 个点，small 为 5 个关键点；

返回 128 维特征向量 list。

```
import face_recognition
# load_image_file 主要用于加载要识别的人脸图像，加载返回的数据是 多维数组 Numpy 数组，记录图片的所有像素的特征向量
image = face_recognition.load_image_file('girl.jpg')
face_encodings = face_recognition.face_encodings(image)
for face_encoding in face_encodings:
  print(" 信息编码长度为 :{}\n 编码信息为：{}".format(len(face_encoding), face_encoding))
```

运行结果：

信息编码长度为 :128

编码信息为：[-1.14427060e-01 4.16477099e-02 4.54325452e-02 -1.79129526e-01
-1.41231909e-01 -5.69575606e-03 -2.58233622e-02 -3.40975486e-02
2.59478897e-01 -1.18993826e-01 1.15529463e-01 -5.22304997e-02
-1.64394900e-01 2.97132181e-04 5.26143843e-03 2.36178532e-01
……

5）compare_faces 由面部编码信息进行面部识别匹配

函数：compare_faces(known_face_encodings, face_encoding_to_check, tolerance=0.6)

参数说明：

known_face_encodings：已经编码的人脸；

listface_encoding_to_check：要检测的单个人脸；

tolerance：默认人脸对比距离长度，tolerance 值越小，匹配越严格；

返回值是一个布尔列表，匹配成功则返回 True，匹配失败则返回 False，顺序与第一个参数中脸部编码顺序一致。

现在有两张图像，一张是合照，一张是单人照，对两张图像进行对比。

人脸比对示例代码：

```
import face_recognition
# 加载一张合照
image1 = face_recognition.load_image_file('he.jpg')
# 加载一张单人照
image2 = face_recognition.load_image_file('ren.jpg')
# 获取多人图片的面部编码信息
known_face_encodings = face_recognition.face_encodings(image1)
# 要进行识别的单张图片的特征
compare_face_encoding = face_recognition.face_encodings(image2)
# 注意第二个参数，只能是单个面部特征编码，不能列表
matches = face_recognition.compare_faces(known_face_encodings, compare_face_encoding[0], tolerance=0.39)
print(matches)
```

运行结果：

[False, False, False, False, True, False]。

5.4.2　人脸识别比对

应用人脸比对识别对应的人脸。

以两个人的照片与合照中的多人进行比对，如果是同一人则将相应的人脸框出来，并输出相应的人名。实现代码如下：

```
import face_recognition
import cv2
def compareFaces(known_image, name):
  known_face_encoding = face_recognition.face_encodings(known_image)[0]
  for i in range(len(face_locations)): # face_Locations 的长度就代表有多少张脸
    top1, right1, bottom1, left1 = face_locations[i]
    face_image = unknown_image[top1:bottom1, left1:right1]
    face_encoding = face_recognition.face_encodings(face_image)
    if face_encoding:
      result = {}
       matches = face_recognition.compare_faces([unknown_face_encodings[i]], known_
face_encoding, tolerance=0.39)
      if True in matches:
        print(' 在未知图片中找到了已知面孔 ')
        result['face_encoding'] = face_encoding
        result['is_view'] = True
        result['location'] = face_locations[i]
        result['face_id'] = i + 1
        result['face_name'] = name
        results.append(result)
        if result['is_view']:
          print(' 已知面孔匹配照片上的第 {} 张脸 !!'.format(result['face_id']))
unknown_image = face_recognition.load_image_file('he.png')
known_image1 = face_recognition.load_image_file('kang.jpg')
known_image2 = face_recognition.load_image_file('sisi.jpg')
results = []
unknown_face_encodings = face_recognition.face_encodings(unknown_image)
face_locations = face_recognition.face_locations(unknown_image)
```

```
    compareFaces(known_image1, 'kang')
    compareFaces(known_image2, 'sisi')
    view_faces = [i for i in results if i['is_view']]
    if len(view_faces) > 0:
        for view_face in view_faces:
            top, right, bottom, left = view_face['location']
            start = (left, top)
            end = (right, bottom)
            cv2.rectangle(unknown_image, start, end, (255, 0, 0), thickness=2)
            font = cv2.FONT_HERSHEY_DUPLEX
              cv2.putText(unknown_image, view_face['face_name'], (left+6, bottom+16), font, 1.0,
(255, 255, 0), thickness=1)
    unknown_image=cv2.cvtColor(unknown_image, cv2.COLOR_BGR2RGB)
    cv2.imshow('windows', unknown_image)
    cv2.waitKey()
```

5.4.3 人脸识别签到

1. 系统功能分析

人脸识别签到系统是一种基于人脸识别技术的签到方式，通过实时采集到成员的面部信息，与事先上传的照片进行比对，以识别身份信息，并将时间与个人信息存储到相应的文件中。这种系统的原理是通过定位面部关键区域位置，与数据库内照片数据进行比对，最终确定参会者的身份信息。

系统基本结构如图 5-23 所示。

系统分为三个模块：采集人脸信息，人脸比对，信息存储。

采集人脸信息：调用摄像头，实时获取当前人脸信息，并对人脸信息进行处理，得到人脸面部编码。

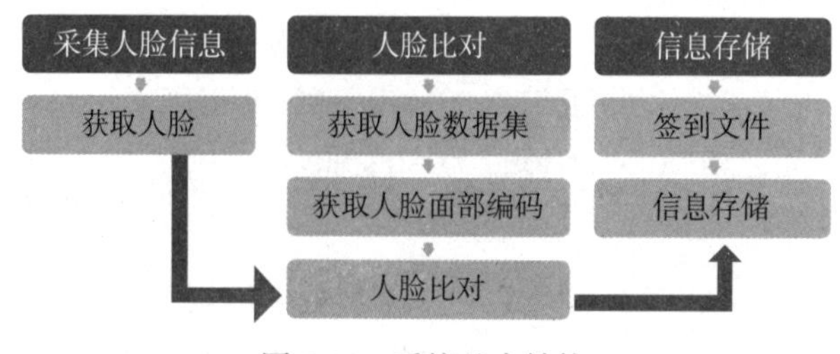

图 5-23　系统基本结构

人脸比对：读取本地存储的人物图像，其中图像以人名命名，将读取到的文件名存储到列表，对读取到的人脸信息进行编码，同时与采集到的人脸信息进行比对。如果信息比对成功，则进行信息存储。

信息存储：打开签到文件，将比对成功的人物信息的名字与当前系统时间存入文件。

2. 设计流程

（1）获取人脸集中的图像与人名。打开人脸图像所在的文件夹，遍历文件夹中的文件，将读到的图像信息存储到列表 images，文件名存储到 calssNames 中。

（2）对人脸集的图像进行面部编码。遍历图像列表 images，调用 face_encodings() 方法对人脸进行编码。并将编码信息存储到编码列表 encodeList 中。

（3）创建摄像头，获取图像。创建摄像头对象，利用摄像头，实时获取当前镜头中的人脸信息。

（4）对图像定位、编码。调用 face_locations() 获取当前镜头中的人脸位置，用 face_encodings() 方法对人脸进行编码。

（5）将定位与编码作为迭代对象，进行迭代比对、计算距离。调用 compare_faces() 方法进行面部匹配。通过 face_distance() 方法得到比对距离 faceDis。调用 np.argmin(faceDis) 得出最小距离的索引号，如果索引号在比对列表中存在，则将名字列表中对应索引的姓名获取到，并在摄像头相应人脸的位置绘制矩形框，将人脸框选出来，同时在矩形框上方显示匹配到的姓名。

（6）将姓名与当前时间写入签到文件中。打开签到文件，读取内容，遍历文件内容，如果当前匹配到的人名不存在，则将人名与当前系统时间写入签到文件中。

```
# 签到识别
import cv2
import numpy as np
import face_recognition
import os
from datetime import datetime

path ='images/name'
images =[]
classNames =[]
myList = os.listdir(path)
print(myList)
for cl in myList:
```

```
    curImg = cv2.imdecode(np.fromfile(f'{path}/{cl}',dtype=np.uint8),-1)
    images.append(curImg)
    classNames.append(os.path.splitext(cl)[0])
print(classNames)

# 签到信息保存到 CSV 文件
def markAttendance(name):
    with open('sign.csv','r+',encoding='gb18030') as f:
        myDataList = f.readlines()
        nameList =[]
        #print(myDataList)
        for line in myDataList:
            entry = line.split(',')
            nameList.append(entry[0])
        if name not in nameList:
            now = datetime.now()
            dtString =now.strftime(' %Y/%m/%D  %H:%M:%S ')
            f.writelines(f'\n{name},{dtString}')

def findEncoding(images):
    encodeList = []
    for img in images:
        img = cv2.cvtColor(img,cv2.COLOR_BGR2RGB)
        encode = face_recognition.face_encodings(img)[0]
        encodeList.append(encode)
    return encodeList
encodeListKown = findEncoding(images)
print('Encoding Complete')
# 调用摄像头获取人脸信息
cap =cv2.VideoCapture(0)
while True:
    success,img =cap.read()
    imgs = cv2.resize(img,(0,0),None,0.25,0.25)
    imgs = cv2.cvtColor(imgs,cv2.COLOR_BGR2RGB)
```

```
    facesCurFrame =face_recognition.face_locations(imgs)
    encodeCurFrame = face_recognition.face_encodings(imgs,facesCurFrame)
    for encodeFace,faceLoc in zip(encodeCurFrame,facesCurFrame):
        matches = face_recognition.compare_faces(encodeListKown,encodeFace)
        faceDis = face_recognition.face_distance(encodeListKown,encodeFace)
        matchIndex = np.argmin(faceDis)
        if matches[matchIndex]:
            name = classNames[matchIndex].upper()
            #y1,x2,y2,x1 = faceLoc
            x1,y1,x2,y2 = faceLoc[3],faceLoc[0],faceLoc[1],faceLoc[2]
            # 因为前面 resize 了图片，所以位置信息需要放大
            y1,x2,y2,x1 = y1*4,x2*4,y2*1,x1*4
cv2.rectangle(img,(faceLoc[3]*4,faceLoc[0]*4),(faceLoc[1]*4,faceLoc[2]*4),(255,0,0),2)
            cv2.putText(img,name,(x1+6,y2-6),cv2.FONT_HERSHEY_COMPLEX,1,(255,255,255),2)
            markAttendance(name)
    cv2.imshow('capture',img)
    if cv2.waitKey(1) ==27:break
cap.release()
cv2.destroyAllWindows()
```

运行结果：得到写入的签到文件，内容如图 5-24 所示。

A	B
name	time
赵颖	2023/5/6 21:29
刘友涛	2023/5/6 21:53
梅丽	2023/5/6 19:29
lena	2023/5/6 19:30
李悦	2023/5/6 19:30

图 5-24　签到文件

案例设计题

1. 小明同学最近在研究智能小车控制，现在他准备给小车安装一个摄像头，想通过

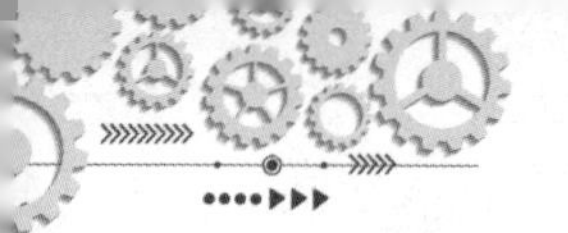

摄像头检测车道，让小车能自动沿着车道轨迹行驶。请设计程序帮他实现车道轨迹的自动检测。

2. 张老师是一名体育教师，最近要给学生进行引体向上的体育测试，想请你帮忙设计一款引体向上检测识别的程序，能实现有效动作的计数，自动评分。请根据仰卧起坐的案例，帮张老师设计 AI 健身计数程序。

3. 小李是一名物业管理人员，最近想为门禁系统进行升级，用人脸识别方式实现进出管理。请帮忙设计一个人脸识别的门禁系统。

参考文献

[1] 中国安全防范产品行业协会 . 中国安防行业“十四五”发展规划（2021—2025 年）[Z].2021.

[2] 中央网络安全和信息化委员会 .“十四五”国家信息化规划 [Z].2021.

[3] 明日科技 .Python OpenCV 从入门到精通 [M]. 北京：清华大学出版社，2021.

[4] 冯振，郭延宁，吕跃勇 .OpenCV 4 快速入门 [M]. 北京：人民邮电出版社，2020.

[5] 凯勒，布拉德斯基 . 学习 OpenCV 3[M]. 阿丘科技，刘昌祥，吴雨培，等译 . 北京：清华大学出版社，2018.

[6] 李立宗 .OpenCV 轻松入门：面向 Python[M]. 北京：电子工业出版社，2019.

[7] 荣嘉祺 .OpenCV 图像处理入门与实践 [M]. 北京：人民邮电出版社，2021.

[8] 明日科技 . 从零开始学 OpenCV[M]. 北京：化学工业出版社，2022.

[9] 李立宗 . 计算机视觉 40 例：从入门到深度学习（OpenCV-Python）[M]. 北京：电子工业出版社，2022.

[10] 韩纪庆，张磊，郑铁然 . 语音信号处理 [M].3 版 . 北京：清华大学出版社，2019.

[11] 张雄伟，孙蒙，杨吉斌 . 智能语音处理 [M]. 北京：机械工业出版社，2020.

[12] 陈果果，都家宇，那兴宇，等 .Kaldi 语音识别实战 [M]. 北京：电子工业出版社，2020.

[13] 声智科技 . 智能语音开发——从入门到实战 [M]. 北京：北京航空航天大学出版社，2019.

[14] 俞栋 . 解析深度学习：语音识别实践 [M]. 北京：电子工业出版社，2020.

[15] 荒木雅弘 . 图解语音识别 [M]. 陈舒扬，杨文刚，译 . 北京：人民邮电出版社，2020.

[16] 俞栋，邓力，俞凯，等 . 人工智能：语音识别理解与实践 [M]. 北京：电子工业出版社，2020.

[17] 弗拉霍斯 . 智能语音时代：商业竞争、技术创新与虚拟永生 [M]. 苑东明，胡伟松，译 . 北京：电子工业出版社，2019.

[18] 丁艳 . 人工智能基础与应用 [M]. 北京：机械工业出版社，2020.

[19] 艾浒 . 自然语言处理 NLP 从入门到项目实战：Python 语言实现 [M]. 北京：北京大学出版社，2021.

[20] 莱恩，霍华德，哈普克 . 自然语言处理实战：利用 Python 理解、分析和生成文本 [M]. 史亮，鲁骁，唐可欣，译 . 北京：人民邮电出版社，2020.

[21] 车万翔，郭江，崔一鸣 . 自然语言处理：基于预训练模型的方法 [M]. 北京：电子工业出版社，2021.

教师服务

感谢您选用清华大学出版社的教材！为了更好地服务教学，我们为授课教师提供本书的教学辅助资源，以及本学科重点教材信息。请您扫码获取。

教辅获取

本书教辅资源，授课教师扫码获取

样书赠送

公共基础课类重点教材，教师扫码获取样书

清华大学出版社

E-mail: tupfuwu@163.com
电话：010-83470332 / 83470142
地址：北京市海淀区双清路学研大厦 B 座 509

网址：http://www.tup.com.cn/
传真：8610-83470107
邮编：100084